수학 소녀의 비밀노트

둥근맛 삼각함수

수학 소녀의 비밀노트
둥근맛 삼각함수

2014년 12월 10일 1판 1쇄 발행
2021년 9월 5일 2판 1쇄 발행
2023년 6월 9일 2판 3쇄 발행

지은이 | 유키 히로시
옮긴이 | 박은희
펴낸이 | 양승윤

펴낸곳 | (주)와이엘씨
　　　　서울특별시 강남구 강남대로 354 혜천빌딩 15층
　　　　(전화) 555-3200 (팩스) 552-0436

출판등록 | 1987. 12. 8. 제1987-000005호
http://www.ylc21.co.kr

값 17,500원

ISBN 978-89-8401-243-1 04410
ISBN 978-89-8401-240-0 (세트)

영림카디널은 (주)와이엘씨의 출판 브랜드입니다.
● 소중한 기획 및 원고를 이메일 주소(editor@ylc21.co.kr)로 보내주시면,
　출간 검토 후 정성을 다해 만들겠습니다.

수학 소녀의 비밀노트

둥근맛
삼각함수

유키 히로시 지음
박은희 옮김
전국수학교사모임 감수

영림카디널

　사람은 어려서부터 복잡한 상황을 정리하려는 습관을 가지고 태어났습니다. 이런 습관은 생활로 이어져 물건을 정리하거나 일의 순서를 정리하거나 인간관계를 정리하기도 합니다. 심지어 자연이라는 두려움을 극복하고자 달의 움직임이나 태양의 움직임을 파악해 여름이면 얇은 옷을 꺼내고 겨울이면 두꺼운 옷을 꺼내어 입으며 자연에 적응해 나갑니다. 사람만이 갖는 이런 습성은 지금까지 이어져 독일에서는 길을 걷다 넘어진 사람에게 '정리정돈이 잘 되었나요?'라고 묻는 관습이 아직도 남아 있답니다.

　초기 수학자들은 움직이는 현상들 앞에선 두려움이 컸나 봅니다. 그래서 움직이는 대상을 관찰해 그 규칙성을 정리하기보다 멈춰 있는 도형을 관찰해 그 규칙성을 정리하길 좋아했습니다. 그들은 점과 선과 각을 정의한 후 자와 컴퍼스를 이용해 땅에 그림을 그려가며 도형의 특징을 찾고 원과 타원, 포물선, 쌍곡선과 각은 곡선을 탐구해 그 안에 숨어있는 진리를 찾기도 했습니다. 이런 탐구의 결과는 땅을 측량하거나 건물을 짓거나 그림을 그리거나 조각을 만드는 활동 등에 고스란히 배어 있습니다.

세상은 다 움직이는 것으로 가득 차 있습니다. 파도가 치고 바람이 불고 비가 오고 심지어 인간이 만든 마차가 굴러가기도 합니다. 이런 변화 속에서 규칙성을 찾아낸다는 것은 결코 쉬운 일이 아니었나 봅니다. 사실 인류가 움직임을 관찰하기 시작한 것은 중세 이후 뉴턴이 태어난 후부터였으니 말입니다.

자연은 인간에게 시간과 공간이라는 두려움을 주었습니다. 일정한 시간이 지나면 죽어야 하고 땅에서 벗어나면 두려움이 시작되지요. 시간이 주는 두려움을 극복하고자 1년을 열두 달로 쪼갠 후 하루를 24시간으로 나눠 일정 시간 단위로 반복되는 현상을 통해 자연이 주는 두려움을 극복했습니다. 또한 공간이 주는 두려움이 있습니다. 도저히 올라갈 수 없는 하늘이나 도저히 갈 수 없는 바닷물 속이나 전쟁 중에 도저히 갈 수 없는 적진 깊숙이 가지 않고도 간 것과 똑같은 효과를 보기 위해 기하학이 발달하게 되었습니다. 이것들은 모두 인간이 자연에 갖는 두려움에 대한 저항의 도구로서 수학이 사용되었음을 보여주는 좋은 예라 할 것입니다.

사람이 태어나서 죽을 때까지 관찰하는 것의 대부분은 움직이는 물체이기에 움직임에 대한 연구가 기반이 되지 않고서는 절대로 다음 단계로 넘어갈 수 없습니다. 사람이 움직임을 관찰하기 위한 최선의 방법은 기준을 가지고 움직임을 관찰하는 것입니다. 예를 들어 시간의 경우 1초라는 기준을 정해 관찰하고, 길이의 경우 1센티미터라는 기준을 정해 관찰하고, 부피나 다른 모든 물리량도 적당한 기준을 정해 관찰하게 되지요. 마찬가지로 '움직임을 관찰하려면 무엇이 필요할까요?' 즉, '움직이는 토끼를 관찰하려면 어떻게 하면 좋을까요?' 아니, '움직이는 물체를 관찰하려면 어떻게 하면 좋을까요?'

1998년 노벨 물리학상은 극저온의 아주 강한 자기장 속에 위치한 반도체 내의 전자들이 이상한 행동을 보인다는 사실을 발견한 독일인 과학자 한 명과 미국인 과학자 두 명에게 돌아갔습니다. 그들은 특이 상황에서 전하를 관찰한 것입니다. 마찬가지로 우리가 어떤 움직이는 물체의 현상을 관찰하려면 x축 방향의 움직임과 y축 방향의 움직임으로 나눠 특이한 상황을 관찰한 후 전체적인 움직임을 관찰하면 쉽게 사물의 움직임을 볼 수 있는 것입니다.

단원원에서

각을 알면 단원원에서 회전이동을 이야기할 수 있다.

단위원에서 원 위의 점의 x좌표의 변화를 보고 y좌표의 변화를 보면

원 위의 점의 변화를 볼 수 있다.

점의 움직임을 관찰하려면

두 점 (1,0), (0,1)의 움직임을 알면 모든 점의 움직임을

알 수 있다.

이 책은 이런 면에서 단위원을 통해 가장 간단한 점의 움직임을 관찰하고 관찰한 점을 기반으로 매개변수로 이루어진 도형을 찾아 그 개형적인 특징을 보는 다양한 연습을 하게 합니다. 이런 연습은 리사주 도형과 일차 변화 등으로 확장하며 다양한 기하 변화를 보는 힘을 얻게 할 것입니다. 결국 난이도 있는 삼각함수가 쉬운 문제로 변화되는 새로운 매력을 익히는 흥미로운 경험의 기회가 될 것입니다.

전국수학교사모임 회장

독자에게

이 책에서는 유리, 테트라, 미르카, 그리고 '나'의 수학 토크가 펼쳐진다.

무슨 이야기인지 잘 모르겠더라도, 수식의 의미를 잘 모르겠더라도

중단하지 말고 계속 읽어주길 바란다.

그리고 그들이 하는 말을 귀 기울여 들어주길 바란다.

그래야만 여러분도 수학 토크에 함께 참여하는 것이 되니까.

나 고등학교 2학년. 수학 토크를 이끌어간다. 수학, 특히 수식을 좋아한다.

유리 중학교 2학년. '나'의 사촌 여동생. 밤색 머리의 말총머리가 특징. 논리적 사고를 좋아한다.

테트라 고등학교 1학년. 항상 기운이 넘치는 '에너지 걸'. 단발머리에 큰 눈이 매력 포인트.

미르카 고등학교 2학년. 수학에 자신이 있는 '수다쟁이 재원'. 검고 긴 머리와 금속테 안경이 특징.

어머니 '나'의 어머니.

미즈타니 선생님 내가 다니는 고등학교에 근무하고 계신 사서 선생님.

차례

제1장 둥근 삼각형

제4장 원주율을 세어 보자

제5장 똑바로 뻗은 굽은 길

형태는 눈에 비치는 것.

형태는 눈에 보이는 것.

삼각은 삼각, 원은 원.

형태는 누구에게나 보이는 것.

형태는 한눈에 보이는 것.

삼각은 삼각, 원은 원.

정말 그럴까?

눈에 비치지 않는 형태를 찾아라.

한눈에 보이지 않는 형태를 찾아라.

찾아라, 찾아라, 원을 찾아라.

정구십육각형으로 원을 찾아라.

눈을 떠라, 눈을 떠라.

형태를 꿰뚫어 볼 수 있는 눈을 떠라.

눈에는 비치지 않는 형태를 찾아라.

눈에는 보이지 않는 형태를 간파하라.

삼각에서 시작하여 원을 통해

나선에 도달하는 형태를 간파하라.

질문에서 시작하여 식을 통해

세계에 도달하는 형태를 간파하라.

우리가 만들어 내는 형태를 간파하라.

제1장

둥근 삼각형

"이름은 정의와 약속을 나타낸다.
이름은 정의와 약속을 표현하는 것이다."

나는 고등학교 2학년이다. 방과 후, 여느 때처럼 도서실에 가니, 후배인 테트라가 노트에 여러 가지 수식을 적어 내려가고 있었다.

나 테트라, 오늘도 수학 공부하는 거야?

테트라 아, 선배님! 네, 맞아요. 선배님께 여러 가지를 배웠더니 수학 공부가 재미있어졌어요!

나 잘됐네. 요즘엔 어떤 것에 대해 생각하고 있니?

테트라 네, 요즘에는 삼각함수를 주제로 공부하고 있어요.

나는 수학을 좋아하고, 재능도 있다고 생각한다. 혼자 공부할 때도 수학부터 시작한다. 테트라는 수학을 잘하지 못하고 어려워하지만, 나와 수학에 대해 이야기를 나눈 이후로 점점 수학을 좋아하게 된 것 같다.

나 그렇구나. sin(사인)과 cos(코사인) 이야기지.

테트라 네….

테트라의 얼굴이 갑자기 어두워졌다.

나 왜 그래?

테트라 아, 네. 선배님께 수학 이야기를 듣는 것은 즐겁지만, 삼각함수는 무척 어려워요.

나 아, 그럴지도 모르겠다. 익숙해지면 그렇게 어렵지는 않을 거야.

테트라 삼각함수라고 하기에 도형에 관한 이야기인 줄 알았는데, 그렇지도 않았어요. 삼각함수란 뭔가요?

나 그 질문에 한마디로 대답하는 건 어려워. 그럼 함께 생각해 볼까?

테트라 네, 잘 부탁드려욧!

테트라는 고개까지 숙이며 정중히 부탁했다.

1-2 직각삼각형

나 삼각함수에 관해 테트라가 어디까지 알고 있는지 잘 모르니까, 아주 기본적인 것부터 시작해도 될까?

테트라 네, 네, 물론이죠.

나 그럼, 우선 직각삼각형을 그려봐.

테트라 네. 이거면 될까요?

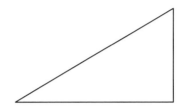

나 응. 뭐, 직각삼각형처럼 보이긴 하네.

테트라 어? 어디가 이상한가요?

나 직각삼각형을 그리려면 '여기가 직각이에요'라고 '직각 표시'를 확실히 해 두는 게 좋아.

테트라 아, 그렇군요. '여기가 직각이에요'라고 표시한다!

순수한 테트라는 얼른 '직각 표시'를 했다.

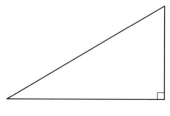

직각삼각형에는 '직각 표시'를 한다

나 그래, 그래. 그거면 돼. '직각 표시'를 해 두면 혼자 생각할
때 도움이 되거든.

테트라 넵, 알겠습니다.

테트라는 씩씩하게 대답하고는, '비밀노트'에 메모를 했다.
그녀는 새롭게 배운 것이나 알게 된 것을 항상 이 노트에 적어
둔다.

1-3 각의 이름

나 우선 기본적인 내용부터 살펴보자. 삼각형은 3개의 각이
있고, 직각삼각형은 그 중 한 각이 직각이야. 즉, 90°인 거

지. 그렇지?

테트라 네, 맞아요. 한 각이 직각이에요.

나 그럼 남은 두 각 중에서 어느 한 각에 주목하자. 이 각에 θ
(세타)라는 이름을 붙일 거야.

테트라 세타…. 그건 그리스문자네요, 선배님.

한 각에 θ(세타)라는 이름을 붙인다

나 응, 맞아. 각은 그리스문자로 나타내는 경우가 많아. 그렇
다고 반드시 그리스문자여야 한다는 건 아니야.

테트라 네, 알겠어요.

나 수학에서는 문자와 기호, 명칭이 많이 나오니까, 그것 때문
에 기가 죽는 사람도 있지.

테트라 아…. 사실 저도 문자가 많이 나오면 힘들어져요. 항상
'잠깐만, 잠깐만!'이라고 말하고 싶어지거든요. 전부 붙잡
기도 전에 모두 도망가 버릴 것만 같아서요.

나 그랬구나. 하지만 도망치거나 하지 않을 테니까 걱정 마.

테트라 네….

나 공부할 때는 말이야, 문자가 많이 나와서 하기 싫어질 것 같으면 여유를 갖고 진도를 나가는 게 좋아.

테트라 여유를 갖고 진도를 나가라고요?

나 응, 달리 말하자면 '문자에 익숙해질 때까지 서두르지 말 것'.

테트라 그렇군요! 저, 각각의 문자와 '친구'가 되도록 할게요!

테트라는 매력 포인트인 커다란 눈을 빛내며 빙긋 미소 지었다.

1-4 꼭짓점과 변의 이름

나 이름 이야기가 나왔으니, 꼭짓점과 변의 이야기도 해 둘게. 테트라가 그린 삼각형의 꼭짓점과 변에 이름을 붙여보자.

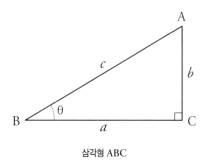

삼각형 ABC

테트라 A와 B와 C가 꼭짓점이네요.

나 응. 꼭짓점은 대문자 알파벳으로 쓰는 경우가 많아. 그리
스문자가 아니라 라틴문자를 쓰지. 그리고 3개의 꼭짓점
을 순서대로 A → B → C 로 나열해서 삼각형 ABC가 돼.
반시계 방향으로 붙이는 경우가 많은데, 항상 그렇다고는
할 수 없어.

테트라 네, 잘 알겠어요.

나 도형에 관한 문장에서는 반드시 '그림과 대조하며 읽는
것'이 중요해.

테트라 대조한다는 것은 어떤 의미인가요?

나 예를 들어 '삼각형 ABC'라고 쓰여 있다면, 꼭짓점 A, B, C
가 그림에서 어디에 있는지 하나 하나 확인하라는 의미야.

테트라 알겠어요. A는 여기, B는 여기, C는 여기예욧!

테트라는 씩씩하게 꼭짓점을 '손가락으로 가리키며 확인'
했다.

나 꼭짓점과 변의 이름을 정하는 방법은 조금 달라. 꼭짓점은
대문자 알파벳을 사용하는 것에 반해 변은 소문자 알파벳
을 사용하는 경우가 많아.

테트라 아, 네에….

나 변의 이름은 마주보는 꼭짓점과 같은 알파벳을 사용하되,
대문자를 소문자로만 바꾸면 돼.

테트라 이렇게 말씀이죠? 꼭짓점 A와 변 a.

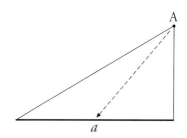

꼭짓점과 같은 알파벳을 마주보는 변의 이름으로 사용한다

나 그래. 꼭짓점 B와 변 b.

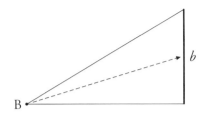

테트라 그리고 꼭짓점 C와 변 c 네요.

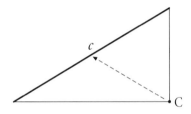

나 우린 이렇게 했지만, 꼭 이렇게 해야만 한다는 건 아니야. 다른 문자를 사용하더라도 수학적으로는 아무런 문제가 없어. 단지 대부분의 경우 이렇게 한다는 거니까 이 방법으로 해 두면 편하다는 거지. 특별히 문제가 없는 경우에 한해서 말이야.

테트라 네, 잘 알겠어요.

나 자 그럼 다음으로 넘어가 볼까. 지금 직각삼각형에서 각 θ 와 두 변 b와 c에 주목해 보자. 이 그림을 잘 봐.

테트라 네.

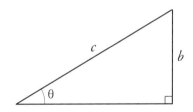

순수한 테트라는 그림을 열심히 들여다본다. 아니, 들여다보기만 하는 것이 아니다. (변 b와 변 c라고) 중얼거리며 손가락으로 확인하고 있다. 정말 순수하구나.

나 이제부터 '각 θ의 크기'와 '두 변 b와 c의 길이'의 관계에 대해 생각해 보려고 해.

테트라 각과 변의 관계….

나 직각삼각형에서 '각 θ의 크기'가 변하지 않도록 주의하면서 '변 c'를 길게 늘려보는 거야. 예를 들면 변 c의 길이를 두 배로 늘려보자. 그럼 우리가 보고 있는 직각삼각형은 이렇게 되지.

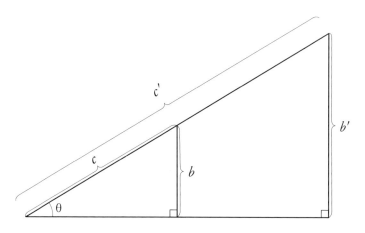

테트라 네. 변 c가 변 c'(c프라임)으로 길게 늘어났네요.

나 이때, 직각삼각형을 만들기 위해서는 세로로 뻗은 변 b는 변 b'이 되도록 이쪽도 길이가 늘어나야겠지.

테트라 네, 맞아요.

나 변 c가 변 c'으로 변하면서 변의 길이가 두 배가 되었기 때문에, 변 b도 변 b'으로 변하면서 이것도 역시 길이가 두 배가 된 거야.

테트라 네, 그렇겠네요.

나 두 배뿐만 아니라, 변 c를 세 배, 네 배…로 계속 늘리면 변 b도 세 배, 네 배…로 늘어나게 되지.

테트라 맞아요. 변 b는 변 c에 비례해요.

나 맞아! 그렇다는 건 달리 말하면 '각 θ의 크기가 일정'하다면 '변 b와 변 c의 비가 일정'하다는 의미가 돼.

테트라 '비가 일정'하다라….

나 이것을 다르게 표현하면 '각 θ의 크기가 일정'하면 '분수 $\dfrac{b}{c}$의 값은 일정'하다는 거야.

테트라 선배님, 그건 분모인 c를 두 배, 세 배…할 때, 분자인 b도 두 배, 세 배…가 된다는 말씀이신 거죠?

나 그래.

테트라 네, 이해가 됐어요! 그런데 선배님, 죄송한데요….

나 뭔데?

테트라 이 이야기가 삼각함수랑 관계가 있나요?

나 응, 관계가 있지. 뭐 이미 나와 있잖아.

테트라 네?

나 지금 우리는 이런 것들에 대해 생각했지.

직각삼각형에서 '각($\angle$) θ의 크기가 일정'하면 '분수 $\dfrac{b}{c}$의 값은 일정'하다.

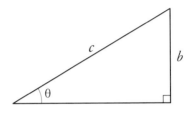

테트라 네, 맞아요.

나 이렇게 표현할 수도 있어.

직각삼각형에서 '각($\angle$) θ의 크기'가 결정되면 '분수 $\dfrac{b}{c}$의 값'도 결정된다.

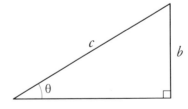

테트라 어, 그러니까…. 아, 네, 그렇네요! 각 θ를 정하고 직각 삼각형의 형태를 유지하고 있다면 분수 $\dfrac{b}{c}$의 값도 정해져요. 실제 어떻게 값을 구하는지는 모르겠지만, 결정된다는 건 확실하네요.

나 그게 바로 sin(사인)이야, 테트라.

테트라 네?

나 '각 θ의 크기'를 정하면 '분수 $\dfrac{b}{c}$의 값'도 정해져. 그 '분수 $\dfrac{b}{c}$의 값'에 이름을 붙여 주자. $\sin\theta$(사인 세타)라는 이름으로!

테트라 …!

나 이렇게 직각삼각형으로 설명하는 건 아주 간편한 설명법 이지만, 우왓!

테트라가 갑자기 내 팔을 움켜잡았다.

테트라 선배님, 선배님, 선배님! 삼각함수의 사인이라는 건 이게 전부인 거예요?

나 이게 전부라니?

테트라 $\sin\theta$라는 건 직각삼각형에서의 $\dfrac{b}{c}$의 값이에요?!

나 응. 그렇게 생각하면 돼. 지금은 직각삼각형을 사용해서 정의를 내렸으니 θ의 범위는 $0° < \theta < 90°$가 되지만, $\sin\theta$는

틀림없이 $\dfrac{b}{c}$ 와 같아.

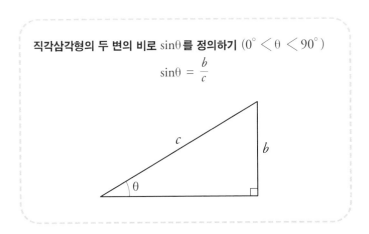

직각삼각형의 두 변의 비로 $\sin\theta$ 를 정의하기 $(0° < \theta < 90°)$

$$\sin\theta = \frac{b}{c}$$

테트라는 연신 '우와, 우와' 하고 감탄사를 내뱉으며 '비밀노트'에 적어 내려가고 있다.

1-6 사인을 외우는 법

테트라 이거, 수업에서 배웠던 것 같긴 해요.

나 그렇겠네. 삼각비에 관한 수업에서 배웠을 거야.

테트라 저…, 문자가 너무 많이 나와서 정신을 못 차리고 있었을 거예요.

나 그래? 아직 그렇게 문자가 많이 나온 건 아닌데.

테트라 하지만, 삼각형에는 변이 3개 있고, 분모와 분자에 어느 것을 대입하느냐에 따라 몇 가지 다른 종류가 생길 수도 있잖아요!

나 아, 암기법에 관련된 이야기니? sin을 외우는 방법으로 유명한 건 이거야. 필기체로 s를 쓰면서 'c분의 b'라고 말하는 거지. 즉 sin은 $c \rightarrow b$의 순서로 분수를 만든다는 거야. s는 sin의 머리글자이고.

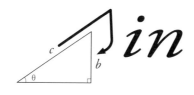

$\sin\theta$를 기억하는 방법

테트라 네. 그러고 보니 이 암기법도 배웠네요. 하지만 이번엔 직각이 어디에 오는지 혼란스러웠어요….

나 하하하, 그랬구나. 삼각형을 어떤 방향으로 놓느냐에 따라 혼란스러울 수 있지. 이 방법은 '직각을 어디에 두는가'를

고려하지 않아. 이 방법은 '주목하고 있는 각 θ를 왼쪽에 오
게 한다'고 생각하고 있는 거지.

테트라 θ를 왼쪽에 둔다….

나 암기법은 일단 여기까지 하고, sin이 무엇에서 무엇을 구하
는 함수인지 정리해 둬야겠다.

테트라 무엇에서 무엇을 구하는 함수인지….

나 그래. 아까 이야기한 대로, θ가 정해지면 $\frac{b}{c}$가 정해져.

테트라 ….

나 즉, 'sin은 θ에서 $\frac{b}{c}$를 구하는 함수'라고 할 수 있지.

테트라 아하!

테트라는 커다란 눈을 더욱 크게 떴다. 뭔가 깨달은 것처럼.

1-7 코사인 이야기

나 sin에 대해서 잘 이해했다면 cos(코사인)도 금방 이해할 수
있어. 직각삼각형에서 '각 θ'와 '두 변 a와 c'에 주목해 보자.
아까 함께 생각했던 변과 다르다는 게 보이지?

테트라 네.

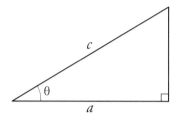

나 아까와 마찬가지로 '각 θ의 크기'가 변하지 않도록 주의하면서 '변 c'를 늘려보자. 예를 들어 변 c의 길이를 두 배 늘렸다고 하자. 그럼 우리들이 보는 직각삼각형은 이렇게 되지.

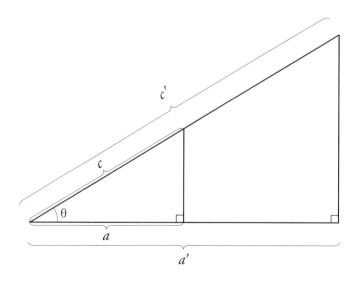

테트라 네, 이번엔 아랫변 a가 두 배 늘어난 a'이 되었네요.

나 응, 그렇게 되지. 이번엔 '각 θ의 크기가 일정'하다면, '변 a 와 변 c의 비도 일정'하다는 점에 주목하는 거야. '분수 $\dfrac{a}{c}$ 의 값'이 $\cos\theta$야.

테트라 $\sin\theta$일 때랑 똑같네요!

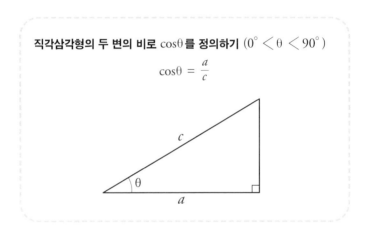

직각삼각형의 두 변의 비로 $\cos\theta$를 정의하기 $(0^\circ < \theta < 90^\circ)$

$$\cos\theta = \frac{a}{c}$$

나 $\cos$을 외울 때는 c라는 문자의 형태를 사용해서 $c \rightarrow a$의 순서로 분수를 만들어. c는 $\cos$의 머리글자이고.

$\cos\theta$를 기억하는 방법

테트라 아, cos에서도 '주목하고 있는 각 θ를 왼쪽에 두는'군요!

나 그래. 이걸로 sin과 cos의 기본은 끝이야.

테트라 여기까지, 잘 알겠어요!

1-8 제한을 풀다

나 이제부터 하려는 것은 $0° < θ < 90°$의 제한을 푸는 거야.

테트라 제한을… 푼다고요?

나 그래. 각 θ가 제한되어 있으면 다루기 힘들기 때문이야.

테트라 저, 그런 제한이나 조건을 곧잘 잊어버려요….

나 각 θ가 $0° < θ < 90°$로 제한되어 있는 이유는 알겠지? 직각삼각형을 사용해서 sin을 정의했기 때문이야.

테트라 네, 알아요. θ가 $90°$ 이상이 되면 더 이상 직각삼각형이 아니게 되니까요.

나 그래, 맞아. 그러니까 직각삼각형을 사용해서 sin을 정의하는 것을 여기서 그만두는 거야.

테트라 네?

나 우리는 이제 원을 사용해서 sin을 다시 정의할 거야.

테트라 원으로 삼각함수를 정의한다고요?

나 그래.

테트라 그렇다면 sin이 두 종류 있다는 말씀이세요?

나 두 종류라니?

테트라 직각삼각형으로 정의하는 sin이랑, 원으로 정의하는 sin이요.

나 아, 아냐. 그런 게 아니야. 원으로 정의한 sin도 $0° < \theta < 90°$라는 범위 내에서는 직각삼각형으로 정의한 것과 완전히 같아.

테트라 하아…. 뭔가 어려울 것 같네요.

나 하나도 어렵지 않아. 걱정마. 이렇게 정하자는 약속일뿐이야.

테트라 네….

나 그럼 우선 복습을 좀 해 둘까. 지금까지 우리는 sin을 직각삼각형의 두 변의 비로 정의했어. 분수로 말이지.

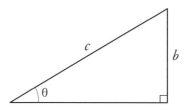

직각삼각형의 두 변의 비로 $\sin\theta$를 정의하기 $(0° < \theta < 90°)$

$$\sin\theta = \frac{b}{c}$$

테트라 네, 그렇게 했죠.

나 여기서는 분수 $\dfrac{b}{c}$의 값이 중요하니까, c의 길이를 1이라고 하고 진행하도록 하자. 직각삼각형의 각 변을 c분의 1로 했다고 생각해도 돼.

테트라 왜 그렇게 하는 거죠?

나 $c = 1$이라고 하면, $\sin\theta = \dfrac{b}{c} = \dfrac{b}{1} = b$가 되니까 식이 간단해져서 그래.

테트라 아, 네….

나 그리고 $\sin\theta = b$라는 건 삼각형의 한 변이 $\sin$의 값이 되기도 하는 거고.

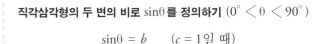

직각삼각형의 두 변의 비로 $\sin\theta$를 정의하기 $(0^\circ < \theta < 90^\circ)$

$$\sin\theta = b \qquad (c = 1일 \text{ 때})$$

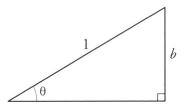

└ 직각삼각형에서 θ가 있는 꼭짓점을 좌표평면의 원점 위에 두고 직각은 x축 위에 둬. 그리고 남은 꼭짓점에 P라는 이름을 붙인 그림을 그려보자.

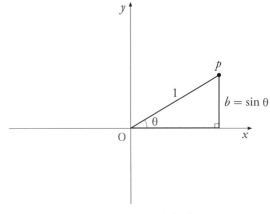

좌표평면에 직각삼각형을 올려놓기

테트라 ….

나 이때, $c = 1$이라고 정해뒀으니까, 꼭짓점 P의 '높이'가 $\sin\theta$
가 되겠네.

테트라 높이요?

나 응, 좌표평면에서 x축으로부터 얼마나 위에 있는가라는
거지.

테트라 아, 네. 알겠어요.

나 그럼 퀴즈를 낼게. 이 그림에서 θ를 변화시키면 점 P는 어
떤 도형을 그리게 될까?

●●● **퀴즈**

$\overline{OP} = 1$을 유지하면서 각($\angle$) θ를 변화시키면 점 P는 어
떤 도형을 그리는가?

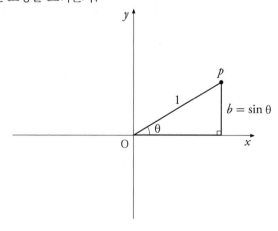

테트라 죄송한데…. 저, 둥근 원이 되나요?

나 그래, 원이야. 점 O와 점 P의 거리가 1로 고정되어 있으
니까 컴퍼스를 빙글 돌려서 원을 그린 것과 같아. 점 P는
원을 그리지.

테트라 그렇군요.

나 그런데, 테트라, '죄송해요'라니. 사과까지 할 필요는 없
는데.

테트라 아, 네, 죄송…이 아니고요!

퀴즈의 답

각 θ를 변화시키면 점 P는 원을 그린다.

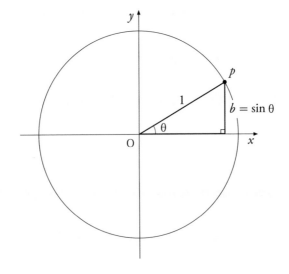

나 이 원처럼, 반지름이 1인 원을 단위원이라고 해. 이 그림은 특별히 원점을 중심으로 하는 단위원이 되겠네.

테트라 단위원….

테트라는 '비밀노트'에 용어를 기록했다.

나 자, 그럼 우리는 직각삼각형에 더 이상 묶여 있을 필요가 없게 됐어.

테트라 우리가 직각삼각형에 묶여 있었던 거예요?

나 그래. 우리는 $\sin\theta$를 직각삼각형을 사용해서 정의했었거든. 예를 들어 $\theta = 0°$면 직각삼각형은 그릴 수 없게 되니까 곤란해지지.

테트라 각도가 $0°$면 직각삼각형이 납작하게 눌려 버리니까요.

나 그래, 그런 뜻이야. 원을 사용해서 $\sin\theta$를 정의하면, '$\sin\theta$는 점 P의 y좌표다'가 되지.

테트라 점 P의 y좌표….

나 그림을 보면 더 쉽게 이해될 거야.

단위원 위의 점 P의 y좌표로 $\sin\theta$를 정의하기

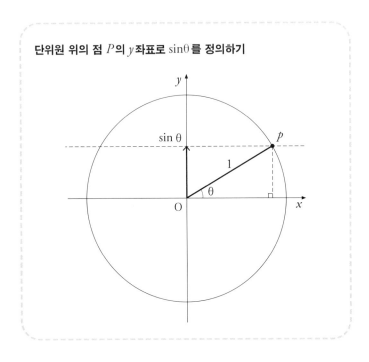

테트라 ….

나 이렇게 정의한다면 $0° < \theta < 90°$ 라는 범위 안에서 $\sin\theta$ 값은 직각삼각형으로 정의한 것과 동일하다는 것은 알겠지?

테트라 네, 네. 직각삼각형, 눈에 보이는 걸요!

나 그래, 그래.

테트라 하아…. 겨우 선배님께서 말씀하신 '높이(y좌표)'라는 것이 이해됐어요.

나 점 P의 위치에 따라서는 'y좌표'가 음수가 되니까 조심해
  야 되긴 하지만 말이야.

테트라 음수라고요?

나 응, 그래. θ의 값에 따라서 $\sin\theta < 0$이 되는 경우도 있지.
  그림으로 예를 살펴보자.

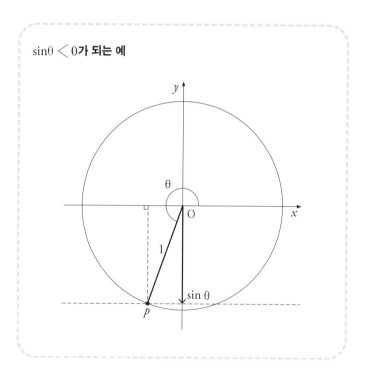

$\sin\theta < 0$가 되는 예

테트라 과연! x축 아래로 이렇게 들어가 버려요.

나 θ의 값을 조금씩 크게 늘려가는 그래프를 그려보면 잘 알
수 있어.

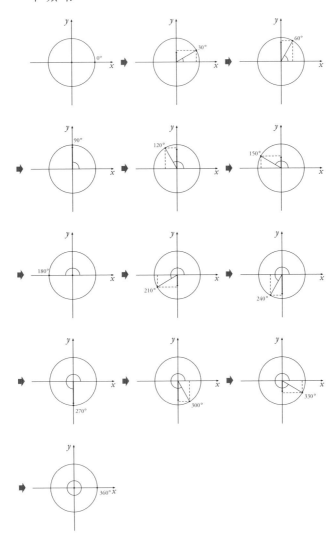

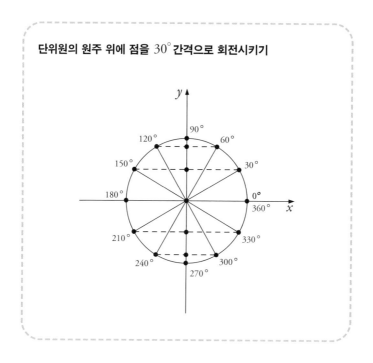

단위원의 원주 위에 점을 $30°$ 간격으로 회전시키기

테트라 그렇군요…. 앗! 선배님! 저, 혹시, 이런 식이 성립할까요?

$$-1 \leq \sin\theta \leq 1$$

나 맞아! 네 생각대로야. 어떻게 그런 생각을 다 했어?

테트라 이 원은 반지름이 1이니까 원의 가장 '위'의 y좌표는

1이고, 가장 '아래'의 y좌표는 −1이잖아요. 그리고 점 P 의 y좌표가 $\sin\theta$니까, $\sin\theta$는 −1 이상이고 1 이하에 속하겠죠!

나 그래, 그래. 좋은 발견을 했구나, 테트라! 각 θ가 어떤 값을 취하든 $-1 \leq \sin\theta \leq 1$는 성립해. 이건 $\sin\theta$의 정의에서 알 수 있는 $\sin\theta$의 성질이야.

테트라 넵!

1-9 사인 곡선

미르카 즐거워 보이는걸.

테트라 아, 미르카 선배님! 지금 sin에 대해 배웠어요!

미르카는 나랑 같은 반 여학생이다. 긴 검은 머리, 금속테 안경을 쓴 재능이 넘치는 소녀다. 수업이 끝난 뒤에는 나와 테트라와 함께 수학 토크를 한다. 그녀는 우리가 메모한 노트를 흘끗 쳐다보았다.

미르카 흐음. 사인 곡선 얘기는 아직이니?

테트라 사인 곡선… 이라니요?

미르카가 테트라의 옆에 앉는다. 내 손에서 자연스럽게 샤프를 빼앗아 설명을 시작한다. 냉정해 보이지만 나는 안다. 미르카는 테트라에게 사인 곡선을 설명해 주고 싶은 것이다.

미르카 테트라, 단위원을 그린 좌표평면의 가로축과 세로축은 각각 뭐야?

테트라 음…, x축과 y축… 인가요?

미르카 그래. 그러니까 단위원 위의 점을 (x, y)라고 하면 이 단위원의 그래프는 x와 y가 만족시키는 관계를 나타내고 있어.

나 제약인 셈이지.

테트라 아, 네. 전에 2차 함수에서 포물선을 그렸을 때도 그랬었죠(《수학 소녀의 비밀노트 – 잡아라 식과 그래프》, 제5장 참조).

미르카 이 그래프의 오른쪽에 가로축을 θ축으로 하는 다른 그래프를 그리는 거야. 세로축은 y축인 채로.

테트라 가로축을 θ축으로….

나 그래프에서는 세로축과 가로축이 중요하기 때문이지, 미르카?

미르카는 가볍게 고개를 끄덕이고는 곧 이야기를 계속했다.
즐거워 보인다.

미르카 각도가 0°일 때, 2개의 그래프에 점을 찍으면 이렇게
   돼.

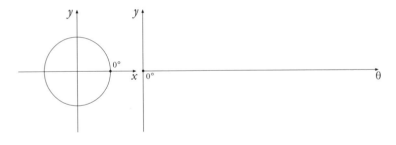

2개의 그래프에 θ = 0°인 점을 찍기

테트라 그러니까…. 오른쪽의 그래프는 가로축이 θ니까, 네,
   그렇겠네요. θ = 0°이고, $y = \sin 0° = 0$이니까 그렇죠?
미르카 그래. 다음은 θ = 30°일 때야. θ의 값을 크게 하면, 2개
   의 그래프의 점이 어떻게 이동하는지가 달라져. 왼쪽 그래
   프에서는 점이 회전하고 오른쪽 그래프에서는 점이 오른

쪽으로 이동해.

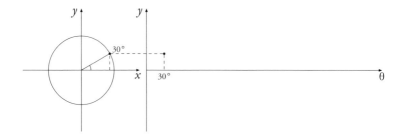

테트라 음…. 아, 알겠어요! 왼쪽 그래프의 점과 같은 높이까
지 오른쪽 그래프의 점도 위쪽으로 이동한다는 거죠?

나 그렇지. 2개의 그래프에서 세로축은 y축으로 동일하니까.

미르카 다음은 $\theta = 60°$일 때야. 왼쪽 그래프에서는 $30°$의 두
배만큼 점이 회전하고, 오른쪽 그래프에서는 $30°$의 두 배
만큼 점이 오른쪽으로 이동해.

테트라 아…. 오른쪽 그래프의 가로축이 θ축인 의미를 조금 이
해하게 된 것 같아요.

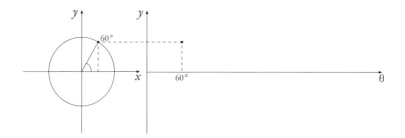

미르카 그럼 30˚ 더 늘려보자. 이걸로 θ = 90˚야.

테트라 아! sin90˚는 1이에요! 원의 가장 꼭대기예요!

나 sinθ의 값이 최대가 되었네.

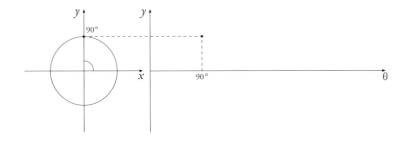

미르카 30˚ 더 늘려서 θ = 120˚.

테트라 당연히 이번엔 내려오는군요.

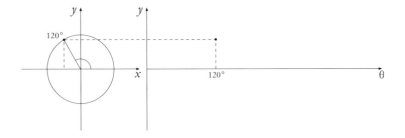

미르카 30˚ 더 늘려봐.

테트라 네. 이제 θ = 150˚예요.

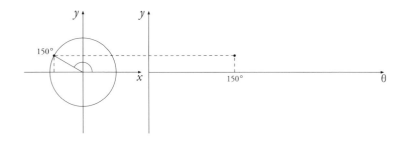

미르카 θ = 180°에서는?

테트라 찰싹 달라붙었어요! sin180° = 0이군요!

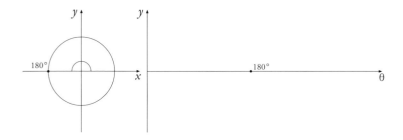

나 여기서부터는 θ가 커질수록 음수가 되겠네, 테트라.

테트라 아, 그렇네요. 점이 x축 아래로 내려가게 되니까요. 네, 180°에서 30°를 늘려서, 이제 θ = 210°예요.

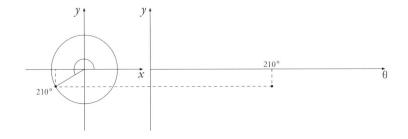

미르카 다음은 240°야.

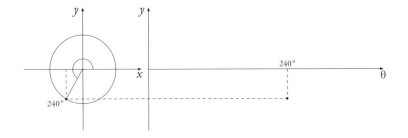

테트라 네. 하지만 240° 같은 값은 별로 쓰지 않지요?

미르카 대칭성이 있으니까.

테트라 대칭성?

미르카 다음은 270°.

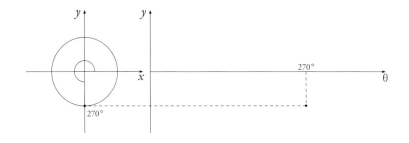

테트라 아! −1이 됐어요. $\sin 270° = -1$이에요!

나 $\sin\theta$의 값이 최소가 된 거야.

테트라 $\sin\theta$는 $\theta = 90°$일 때 최댓값, $\theta = 270°$일 때 최솟값이
되는군요.

미르카 다음은 $300°$.

테트라 이거… 왠지 반복 같은데요.

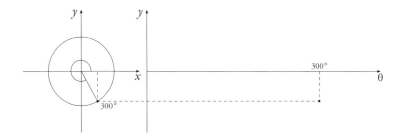

미르카 다음은 $330°$.

테트라 그래요. 같은 높이를 반복하는군요! 위아래가 거꾸로,

플러스 마이너스는 반대지만요.

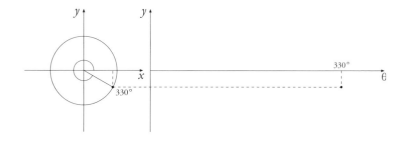

미르카 그리고 360°.

테트라 빙글 한 바퀴 돌아서 $\sin 360° = 0$으로 돌아왔어요.

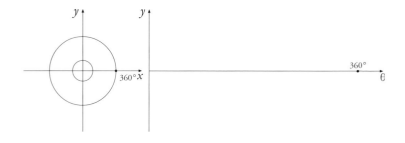

나 테트라는 사인 곡선이 보였니?

테트라 네, 보였어요. 왼쪽 그래프에서 점이 빙글 도는 것에 맞춰 오른쪽 그래프에서는 점이 '구불구불' 움직였어요.

미르카 그 '구불구불'한 그래프가 사인 곡선이야. 점을 찍는 것에서 더 나아가 곡선으로 그려보자.

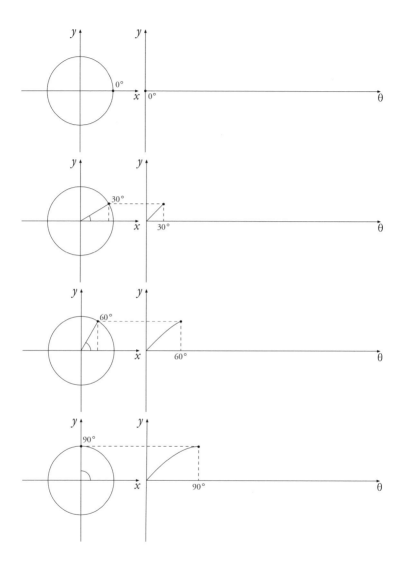

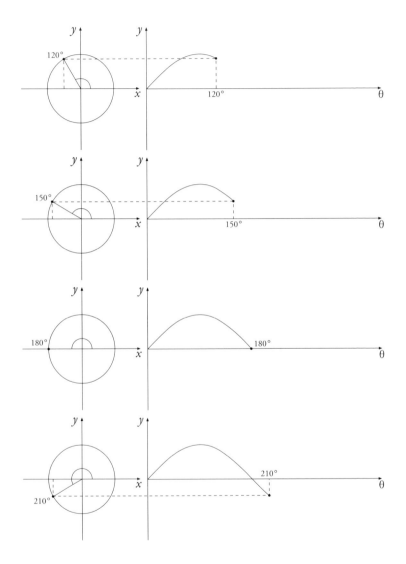

60

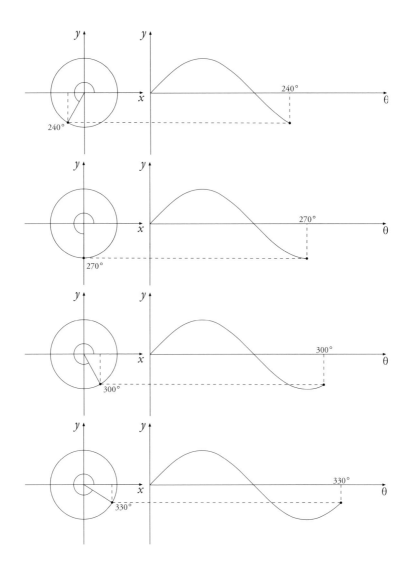

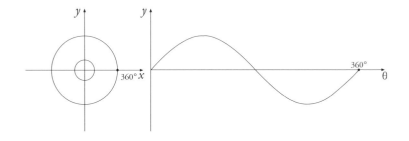

테트라 예뻐요! 이게 사인 곡선이로군욧!

나 응, 예쁘다.

미르카 왼쪽은 단위원. 오른쪽은 사인 곡선. 이 대응은 아름
답지.

단위원과 사인 곡선의 대응

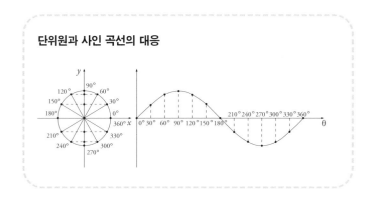

테트라 저, 미르카 선배님. 코사인 곡선은 어떻게 돼요?

미르카 코사인 곡선?

테트라 네, sinθ가 그리는 사인 곡선의 형태는 이제 알겠어요.
그럼 cosθ가 그리는 코사인 곡선은….

미르카 코사인 곡선이라고 하지 않아. cosθ가 그리는 곡선도
사인 곡선이라고 해.

테트라 어라, 같은 건가요?

미르카 sinθ의 그래프와 cosθ의 그래프는 닮았지만 서로 달라.
테트라는 이미 혼자 그릴 수 있을 텐데?

테트라 네?

미르카 원을 사용해서 sinθ를 정의하면 sinθ는 y좌표가 되지.
cosθ는 x좌표야. 지금까지 배운 지식으로 테트라는 혼자서
그래프를 그릴 수 있어.

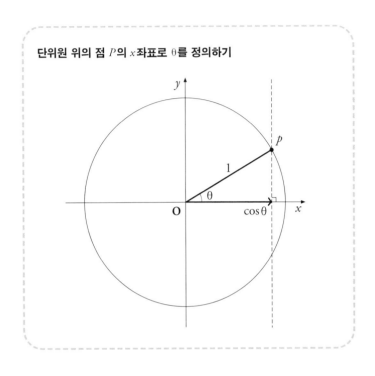

단위원 위의 점 P의 x좌표로 θ를 정의하기

미즈타니 선생님 하교 시간이에요.

사서인 미즈타니 선생님은 시간이 되면 하교 시간을 알려 주신다. 우리들의 수학 토크는 이걸로 일단 종료다. 지금까지 배운 지식으로 테트라는 cosθ의 그래프를 그릴 수 있을까?

"이름이 정의를 완전히 나타낸다면, 이름만 있어도 되는 것 아닌가?"

부록 : 알파벳 (라틴문자)

소문자	대문자	발음 예시
a	A	에이
b	B	비
c	C	씨
d	D	디
e	E	이
f	F	에프
g	G	지
h	H	에이치
i	I	아이
j	J	제이
k	K	케이
l	L	엘
m	M	엠
n	N	엔
o	O	오
p	P	피
q	Q	큐
r	R	알
s	S	에스
t	T	티
u	U	유
v	V	브이
w	W	더블유
x	X	엑스
y	Y	와이
z	Z	제트

부록 : 그리스문자

소문자	대문자	발음 예시
α	A	알파
β	B	베타
γ	Γ	감마
δ	Δ	델타
ε	E	엡실론
ζ	Z	제타
η	H	에타
θ	Θ	세타
ι	I	이오타, 요타
χ	K	카파
λ	Λ	람다
μ	M	뮤
ν	N	뉴
ξ	Ξ	크시, 크사이
ο	O	오미크론
π, φ	Π	피, 파이
ϱ	P	로
σ, ς	Σ	시그마
τ	T	타우
υ	Υ	입실론, 웝실론
φ	Φ	퐈이
χ	X	카이
ψ	Ψ	프사이/프시
ω	Ω	오메가

부록 : 삼각자와 삼각함수의 값

삼각자에는 $30°$, $45°$, $60°$인 각이 있다. 이 각에 대한 $\sin$과 $\cos$의 값을 구해보자.

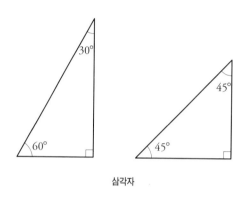

삼각자

우선, $30°$와 $60°$에 대해 알아보자.

$60°$인 각을 가진 삼각형 2개를 나란히 그리면, 68쪽 그림처럼 3개의 각 모두가 $60°$가 되는 삼각형 ABB'을 만들 수 있다. 3개의 각이 모두 같기 때문에, 삼각형 ABB'은 정삼각형이며, $\overline{BB'}$ = $\overline{AB}$임을 알 수 있다.

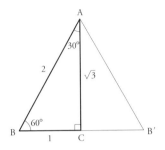

$\overline{BC}$ = 1이면, $\overline{B'C}$ = 1이고, $\overline{BB'}$ = $\overline{AB}$ = 2가 된다. 직각삼각형 ABC에서 피타고라스의 정리를 사용하여 선분 AC의 길이를 구해보자.

$$\overline{BC}^2 + \overline{AC}^2 = \overline{AB}^2 \qquad \text{피타고라스의 정리}$$
$$1^2 + \overline{AC}^2 = 2^2 \qquad \overline{BC} = 1, \ \overline{AB} = 2\text{이므로}$$
$$\overline{AC}^2 = 3$$
$$\overline{AC} = \sqrt{3}$$

따라서 $\overline{AC} = \sqrt{3}$ 이다. 이를 바탕으로, 아래 값을 구할 수 있다.

$$\cos 30° = \frac{\overline{AC}}{\overline{AB}} = \frac{\sqrt{3}}{2}$$
$$\cos 60° = \frac{\overline{BC}}{\overline{AB}} = \frac{1}{2}$$

$$\sin 30° = \frac{\overline{BC}}{\overline{AB}} = \frac{1}{2}$$

$$\sin 60° = \frac{\overline{AC}}{\overline{AB}} = \frac{\sqrt{3}}{2}$$

다음은 45°에 대해 알아보자.

삼각형 DEF에서, 각(∠) D와 각(∠) E의 크기는 모두 45°이므로, 삼각형 DEF는 $\overline{DF} = \overline{EF}$인 이등변삼각형이다.

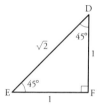

$\overline{DF} = \overline{EF} = 1$로 놓고, 피타고라스의 정리를 사용하여 선분 DE의 길이를 구해보자.

$$\overline{DF}^2 + \overline{EF}^2 = \overline{DE}^2 \quad \text{피타고라스의 정리}$$

$$1^2 + 1^2 = \overline{DE}^2 \quad \overline{DF} = \overline{EF} = 1 \text{이므로}$$

$$\overline{DE}^2 = 2$$

$$\overline{DE} = \sqrt{2}$$

따라서 $\overline{\mathrm{DE}} = \sqrt{2}$ 이다. 이를 바탕으로, 아래 값을 구할 수 있다.

$$\cos 45^\circ = \frac{\overline{\mathrm{EF}}}{\overline{\mathrm{DE}}} = \frac{1}{\sqrt{2}} = \frac{\sqrt{2}}{2}$$

$$\sin 45^\circ = \frac{\overline{\mathrm{DF}}}{\overline{\mathrm{DE}}} = \frac{1}{\sqrt{2}} = \frac{\sqrt{2}}{2}$$

위의 결과를 정리하면 아래의 표로 나타낼 수 있다.

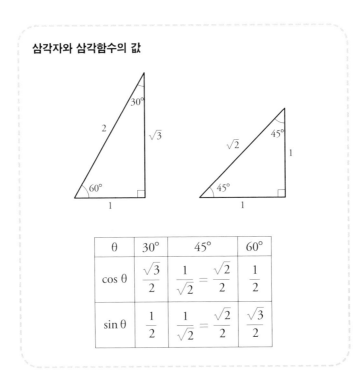

삼각자와 삼각함수의 값

θ	30°	45°	60°
$\cos \theta$	$\dfrac{\sqrt{3}}{2}$	$\dfrac{1}{\sqrt{2}} = \dfrac{\sqrt{2}}{2}$	$\dfrac{1}{2}$
$\sin \theta$	$\dfrac{1}{2}$	$\dfrac{1}{\sqrt{2}} = \dfrac{\sqrt{2}}{2}$	$\dfrac{\sqrt{3}}{2}$

제1장의 문제

먼저 우리들은 그 문제를 이해해야만 합니다.

즉, 무엇을 구하려는 것인지 명확히 알 필요가 있는 것이죠.

— 조지 폴리아(George Polya, 헝가리 출신의 수학자)

●●● **문제 1-1 (sin θ 구하기)**

$\sin 45°$의 값을 구하시오.

(해답은 316쪽에)

●●● **문제 1-2 (sin θ에서 θ의 값 구하기)**

θ가 $0° \leq \theta \leq 360°$일 때, $\sin \theta = \frac{1}{2}$이 되는 θ를 모두 구하시오.

(해답은 318쪽에)

●●● **문제 1-3 (cos θ 구하기)**

$\cos 0°$의 값을 구하시오.

(해답은 319쪽에)

●●● 문제 1-4 (cos θ에서 θ의 값 구하기)

θ가 $0° \leq \theta \leq 360°$일 때, $\cos\theta = \frac{1}{2}$이 되는 θ를 모두 구하시오.

(해답은 320쪽에)

●●● 문제 1-5 ($x = \cos\theta$의 그래프)

θ가 $0° \leq \theta \leq 360°$일 때, $x = \cos\theta$의 그래프를 그리시오.
그래프의 가로축을 θ축, 세로축을 x축으로 해서 그리시오.

(해답은 322쪽에)

제2장

왔다 갔다, 길을 헤매다

"왕복에는 전혀 이상할 게 없지만"

유리 오빠야, 이게 뭐야?

유리는 내가 꺼내 놓았던 노트를 가지고 왔다. 중학교 2학년 인 유리는 근처에 살아서 우리 집에 자주 놀러 오는 사촌 여동 생이다. 나를 항상 '오빠야'라고 부른다.

나 이 그림 말이니?

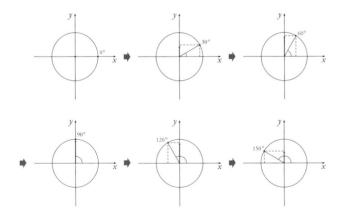

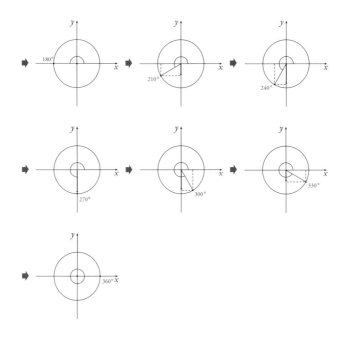

유리 응, 왠지 재밌어 보여서.

유리는 흥미롭다는 표정으로 그림을 들여다보고 있다. 항상 그렇듯 청바지 차림이다. 고개를 움직일 때마다 하나로 묶은 밤색 머리채가 흔들린다.

나 재미있어. 이건 원점 (0, 0)을 중심으로 한 단위원을 사용해서…

유리 단위원?

나 단위원이라는 건 반지름이 1인 원을 뜻해.

유리 음, 그렇구나….

나 원주 위의 점을 30° 간격으로 이동시키는 거야.

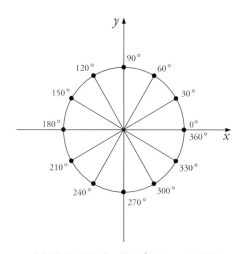

단위원의 원주 위에 있는 점을 30° 간격으로 이동시킨다

유리 흠, 흠. 360°면 한 바퀴 빙 도는 거네.

나 그래. 360°가 되면 0°로 돌아오게 돼.

유리 그래서, 그래서?

나 단위원을 사용하면 삼각함수를 정의할 수 있어.

유리 삼각함수? 어려울 것 같아!

나 아냐. 원점 $(0, 0)$을 중심으로 한 단위원의 원주를 따라 이동하는 점의 'x좌표가 코사인'이고 'y좌표가 사인'이야. 그게 다야.

유리 아, 코사인, 사인 같은 거, 들어본 적 있어.

나 회전시켰을 때의 각도를 θ(세타)라고 할 때,

- x좌표를 $\cos\theta$(코사인 세타)
- y좌표를 $\sin\theta$(사인 세타)

라고 불러.

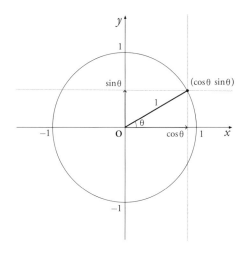

단위원의 원주 위의 점
$(x, y) = (\cos\theta, \sin\theta)$

유리 왜?

나 특별한 이유는 없어. 이게 cosθ이고 sinθ라는 정의니까. 원점 (0, 0)을 중심으로 하는 단위원의 원주 위에 있는 점의 좌표를 사용해서 cosθ와 sinθ를 정했다는 거지. 자주 사용하는 거니까 이름을 붙였다고 생각해도 괜찮아.

유리 '코사인 양', '사인 군'처럼 말이지?

나 뭐, 그런 셈이야. 삼각함수라고 하면 어렵게 들리지만, 단위원 위에 점을 그리면 금방 외워질 거야. 코사인과 사인. 코사인이 x좌표고, 사인이 y좌표야. 점을 이동하면 각 θ가 변하고, 동시에 x좌표와 y좌표도 각각 변하게 돼. 그게 내용의 전부야. 그렇지만, 삼각함수를 사용하면 여러 가지 재미있는 식을….

유리 드디어 수식 폐인의 본색을 드러내는구나. 그럼, 이 그림은?

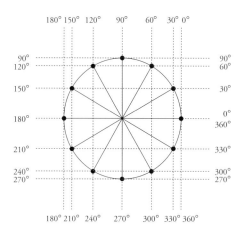

나 아, 그냥 낙서한 거야. 점끼리 이어본 것뿐이야.

유리 주위에 쓴 숫자는 뭔데?

나 각도야. 단위원의 원주 위의 점이 원주를 따라 이동할 때,
0°인 경우에는 선이 이렇게 그려지고, 30°인 경우에는 또
이렇게… 라고 생각하면서 그린 거야.

유리 흐음.

나 코사인은 x좌표니까, 각도가 변함에 따라 세로로 그린 선
이 좌우로 이동해. 사인은 y좌표니까, 각도가 변함에 따라
가로로 그린 선이 위아래로 이동해.

유리 ….

나 음, 잘 모르겠어? 세로로 그린 선을 기준으로 좌우로 나타

낸 것이 코사인이고, 가로로 그린 선을 기준으로 위아래로 나타낸 것이 사인이야.

유리 그럼 말이야, $0°$나 $30°$가 아니라 $\cos 0°$나 $\sin 30°$같이 써야 하는 거 아니야?

나 그게 맞긴 하지만, 이건 그냥 낙서니까.

유리 시계 같다.

나 그러네. $30°$씩 나누었으니까, 딱 12등분 되는데다가, 원의 중심에서 원주까지 이어진 선도 그려져 있어서 그렇겠지. 하지만 각도는 시계 방향과 반대야. 반시계 방향이지.

유리 선을 그리지 않아도 시계 같이 보이는 걸.

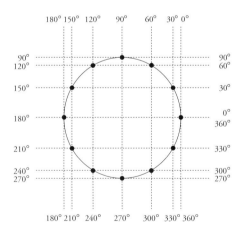

나 뭐, 그런가.

유리 세로로 그린 선과 가로로 그린 선이 만나는 교차점을 원이 통과하는 거, 멋지다.

나 그래. 그런데 유리야, 수학에서는 교차점이 아니라 교점이라고 하는 게 맞아. 뭐, 도로 상의 교차점과 비슷하긴 하지.

유리 세로로 그린 선과 가로로 그린 선의 간격이 넓어졌다 좁아졌다 하면서 교점이 둥글게 늘어서는 거, 재미있다냐옹.

유리는 고양이 말투로 속삭이듯 말하고는, 잠시 동안 잠자코 있었다. 그림을 들여다보면서 생각에 잠긴 모양이다.

유리 오빠야, 세로로 그린 선과 가로로 그린 선은 7개씩이잖아?

나 응, 세로로 7개, 가로로 7개.

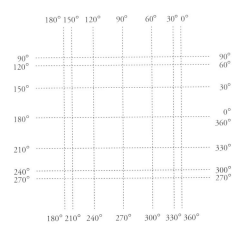

세로로 그린 선과 가로로 그린 선은 7개씩이다

유리 7 × 7 = 49니까, 49개의 교점이 있는 거지?

나 응, 그렇지.

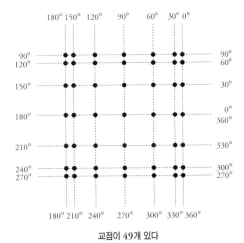

교점이 49개 있다

82

유리 49개씩이나 교점이 있으니까, 잘 연결하면 다른 형태의
　　도형도 그릴 수 있을 것 같아.

나 유리야! 그거 재밌겠다!

유리 아이, 깜짝이야! 그게 그렇게 재밌단 말이야?

나 응, 지금 막 떠오른 게 있어. 도형을 그려보자!

유리 ?

2-2 도형을 그리자

나 아까 단위원의 x좌표가 $\cos\theta$고, y좌표가 $\sin\theta$라고 했잖아.

유리 응.

나 그 경우엔 둘 다 같은 각도인 θ를 사용하고 있었어.

유리 응?

나 역으로 말하면 $\cos$과 $\sin$에 같은 각도인 θ를 넣으면, 단위
　　원이 생긴다는 거지. 점 $(x, y) = (\cos\theta, \sin\theta)$라는 식으로 단
　　위원을 그릴 수 있어.

유리 응… 그래서?

나 그래서 말이지, $\cos$과 $\sin$에 넣는 각도를 $30°$씩 차이가 나

도록 해보자. 예를 들어, sin에는 $30°$만큼 더 앞선 값을 넣는 거야. 그러면 어떤 도형이 나타나게 될까? 다시 말하면, 점 $(x, y) = (\cos\theta, \sin(\theta + 30°))$라는 식으로 어떤 도형을 그릴 수 있을까?

유리 무슨 소린지 모르겠어. 어려워.

나 쉬운 얘기야. 그림으로 설명해볼까? 예를 들어 가로 세로 모두가 $0°$인 선일 때는 이 점이지.

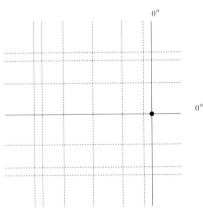

점 $(x, y) = (\cos 0°, \sin 0°)$

유리 응.

나 이 점 $(\cos 0°, \sin 0°)$에서 시작해서 한 바퀴 돌면 단위원이 생긴다는 거지.

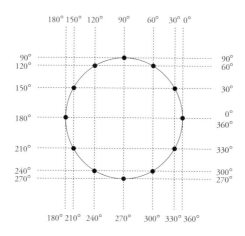

$(x, y) = (\cos\theta, \sin\theta)$로 그릴 수 있는 도형

유리 응, 그 다음은?

나 이제 sin을 30°만큼 앞서게 하면 어떤 도형이 그려질지
생각해 보자. 'sin을 30°만큼 앞서게 한다'는 것은 '가로로
그린 선을 한발 앞세운다'는 것이 되지. 즉, 이 점 $(\cos 0°,$
$\sin 30°)$에서 시작한다는 거야.

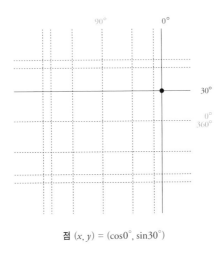

점 $(x, y) = (\cos0°, \sin30°)$

유리 흠흠, 그렇군. 가로로 그린 선 위로 이동시킨 거구나. 그
럼 결국 어떻게 되는 거야?

나 그게 문제야. 세로로 그린 선보다 항상 가로로 그린 선을
30°만큼 앞서게 한 상태에서, θ를 한 바퀴 돌리면 어떻게
될까?

유리 어? 어… 그러니까….

점 $(x, y) = (\cos\theta, \sin\theta)$는 단위원을 나타낸다.

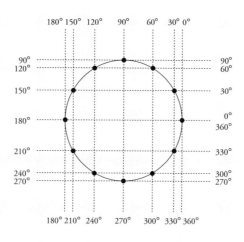

점 $(x, y) = (\cos\theta, \sin(\theta + 30°))$는 어떤 도형을 나타낼까?

나 일단 계속 진행해 보자. 그 다음은 세로가 $30°$, 가로가 $60°$ 지. 즉, $(\cos30°, \sin60°)$야.

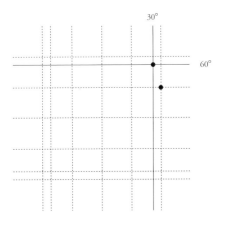

30°

60°

점 $(x, y) = (\cos 30°, \sin 60°)$

유리 아, 대각선 위쪽 방향으로 움직였네. 커다란 원이 되려
   냐옹?

나 다음 단계는 x좌표가 $\cos 60°$고… 사인은?

유리 60°의 다음은 90°?

나 그렇지. y좌표는 $\sin 90°$야. 잘 따라오고 있는걸, 유리야.
   점은 여기가 돼.

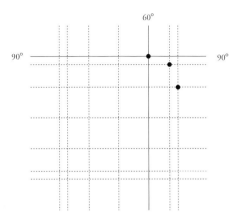

점 $(x, y) = (\cos 60°, \sin 90°)$

유리 역시나 예상대로야. 커다란 원이 되는 거야!

나 그럼 다음엔 $(\cos 90°, \sin 120°)$ 차례구나.

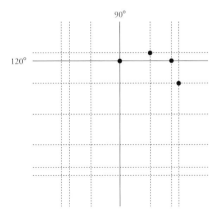

점 $(x, y) = (\cos 90°, \sin 120°)$

유리 어! 이거, 원이 아니잖아!

나 그럼 다음엔 $(\cos 120^\circ, \sin 150^\circ)$ 차례.

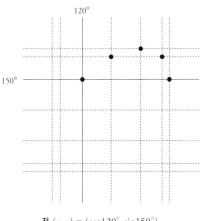

점 $(x, y) = (\cos 120^\circ, \sin 150^\circ)$

유리 봐, 역시 원이 아니야. 이건… 타원이네!

나 응, 네 예상대로일 거야. 이건 타원이 될 것 같아.

유리 응!

나 그럼 다음은 $(\cos 150^\circ, \sin 180^\circ)$.

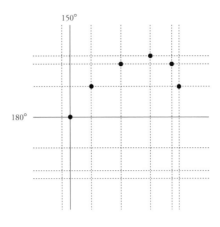

점 $(x, y) = (\cos 150°, \sin 180°)$

유리 있지, 이제부터는 나도 그릴 수 있어. 선을 따라 하나 하나 점을 찍으면 되는 거잖아.

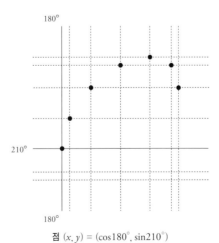

점 $(x, y) = (\cos 180°, \sin 210°)$

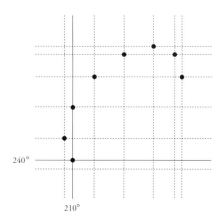

점 $(x, y) = (\cos 210°, \sin 240°)$

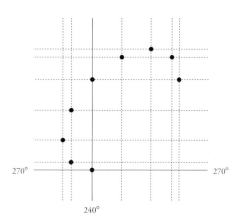

점 $(x, y) = (\cos 240°, \sin 270°)$

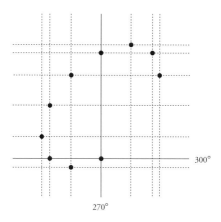

점 $(x, y) = (\cos 270°, \sin 300°)$

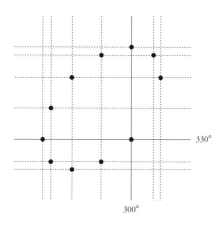

점 $(x, y) = (\cos 300°, \sin 330°)$

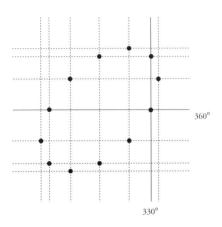

360°

330°

점 $(x, y) = (\cos 330°, \sin 360°)$

유리 다 됐다!

나 잘했네. sinθ가 cosθ보다 30° 앞서도록 하면 타원이 되는
거야.

유리 응, 응!

점 $(x, y) = (\cos\theta, \sin\theta)$는 단위원을 나타낸다.

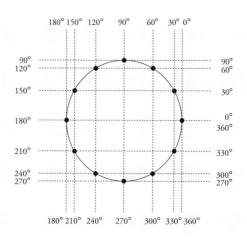

점 $(x, y) = (\cos\theta, \sin(\theta + 30°))$는 타원을 나타낸다.

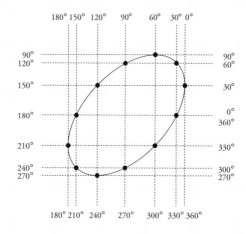

나 그럼, 유리야. 아까는 sin을 30°씩 앞서 나가게 해서 타원을 그렸는데, 60°씩이 되면 어떤 도형이 될 것 같아?

유리 한번 그려볼게!

유리는 60°인 경우의 도형을 재빨리 그렸다.

나 다 됐어?

유리 응! 가늘고 길쭉한 모양의 타원이 됐어!

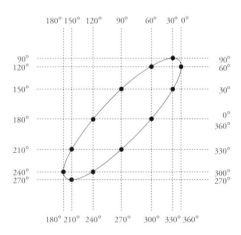

점 $(x, y) = (\cos\theta, \sin(\theta + 60°))$로 그릴 수 있는 도형

나 그럼 말이야….

유리 다음은 $90°$로 해볼래!

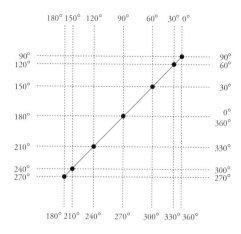

점 $(x, y) = (\cos\theta, \sin(\theta + 90°))$로 그릴 수 있는 도형

나 타원이 찌그러져서 결국 직선이 됐네.

유리 이거, 왔다 갔다 할 때, 같은 점을 지나.

2-4 늦추면 어떻게 될까?

유리 재미있네야옹….

나 반대로, 이번엔 가로로 그린 선을 30°씩 늦춰보자.

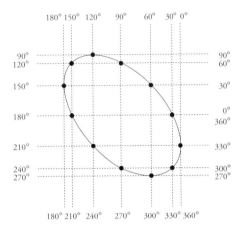

점 $(x, y) = (\cos\theta, \sin(\theta - 30°))$로 그릴 수 있는 도형

유리 60° 늦추면 이렇게 돼!

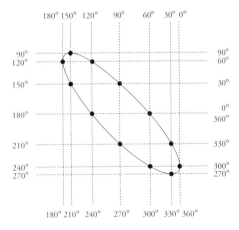

점 $(x, y) = (\cos\theta, \sin(\theta - 60°))$로 그릴 수 있는 도형

나 그리고 90° 늦췄더니 또 찌그러졌네.

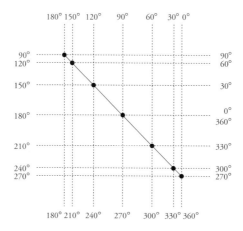

점 $(x, y) = (\cos\theta, \sin(\theta - 90°))$로 그릴 수 있는 도형

유리 오빠야! 각도를 다르게 하면 타원이 되는 거구나!

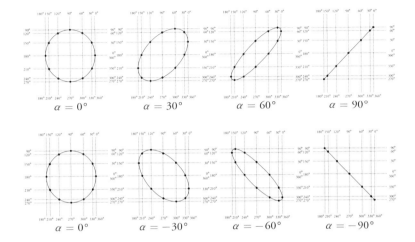

점 $(x, y) = (\cos\theta, \sin(\theta + \alpha))$로 그릴 수 있는 도형

나 맞아. 원을 대각선 방향에서 비스듬하게 본 것 같은 도형
이 생겼어. 직선이 되는 건, 원을 바로 옆에서 봤을 때의 모
습이지. 이 도형은 전부 유리가 아까 말한 49개의 점만으
로 그릴 수 있어.

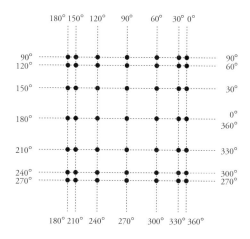

유리 오오옷! 정말 그러네!

나 그럼 또 다른 도형을 그려보자!

2-5 두 배하면 어떻게 될까?

유리 그럼, 어떤 도형으로 할 거야?

나 음, 글쎄… 아까는 세로로 그린 선과 가로로 그린 선을 동
일한 각도만큼 이동시켰잖아.

유리 응. 30°씩이었어.

나 이번엔, 세로로 그린 선을 $30°$씩 움직일 때마다 가로로 그린 선을 $60°$씩 움직여보자.

유리 두 배한다는 거야? 그럼 그냥 커지지 않을까?

나 아니지, 반지름에는 변화가 없으니까 원이 커지는 건 아니야.

유리 아, 그렇구나. 어떻게 해도 이 49개의 점 밖으로는 못 나간다는 거네…. 그렇지만 상상이 잘 안 되는데냐옹.

나 타원을 그렸을 때, 가로로 그린 선과 세로로 그린 선을 눈금 하나씩 이동시켰잖아.

유리 응, 그랬지.

나 끝까지 가면 반사돼서 되돌아 왔어.

유리 맞아, 맞아. 벽에 부딪혀서 다시 되돌아오는 것처럼 말이지?

나 이번엔 말이지, '세로로 그린 선을 눈금 한 칸만큼 좌우로 이동'시킬 때마다 '가로로 그린 선을 눈금 두 칸만큼 위아래로 이동'시키는 거야. 그때 두 선의 교점을 따라 그린 도형은 어떤 도형이 될까…? 유리가 풀 퀴즈.

유리 재밌겠다!

나 그럼, 실제로 그려볼까?

유리 잠깐만, 잠깐만! 나, 머릿속으로만 그려볼래!

나 좋아. 그럼 시간을 좀 줄게.

유리는 깊은 생각에 빠졌다. 하나로 묶은 밤색 머리채가 아름다운 금빛을 띤다. 평소 유리는 항상 뭐든 굉장히 귀찮아하지만, 흥미가 생기면 머리 회전이 무척 빨라진다. 정작 유리 자신은 잘 모르는 것 같지만.

유리 미안, 역시, 모르겠다냐옹!

나 그럼 실제로 그려보자.

유리 웅! 그렇지만 한 가지 알아낸 게 있어.

나 뭔데?

유리 세로로 그린 선을 30°씩 이동시킬 때마다 가로로 그린 선을 60°만큼 이동시킨다는 거잖아?

나 응, 맞아.

유리 그럼 세로로 그린 선이 한 바퀴 도는 동안 가로로 그린 선은 두 바퀴를 도는 셈이 되는 거지?

나 그래, 맞아.

유리 돈다는 표현은 이상한가? 도는 것은 원주 위의 점이니까 세로로 그린 선과 가로로 그린 선이…, 뭐라고 하면 되지. 왔다 갔다?

나 응, 잘 이해하고 있구나. 세로로 그린 선이 한 번 왕복하는 동안 가로로 그린 선은 두 번 왕복하게 되지.

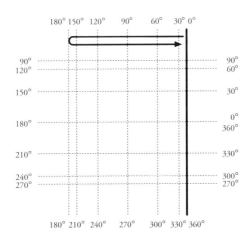

세로로 그린 선이 한 번 왕복하는 동안….

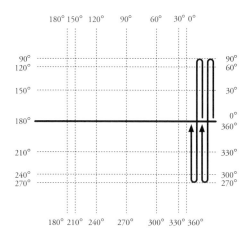

가로로 그린 선은 두 번 왕복한다.

유리 왕복. 응, 맞아. 내가 하고 싶었던 말이 그거야.

나 그럼, 실제로 그려볼까?

유리 신난다, 신난다아!

나 우선 시작 지점을 확인하자. 단위원의 원주 위에 각이 $0°$
 인 곳부터였지. 세로로 그린 선과 가로로 그린 선 모두가
 $0°$인 교점.

유리 응, 맞아.

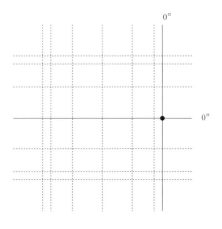

점 $(x, y) = (\cos 0°, \sin 0°)$

나 다음 단계. 세로로 그린 선을 왼쪽으로 한 칸 이동시키고, 가로로 그린 선을 위로 두 칸 이동시키는 거야. 세로로 그린 선은 각도가 30°인 곳이 되지만, 가로로 그린 선은 각도가 60°인 곳에 있게 돼.

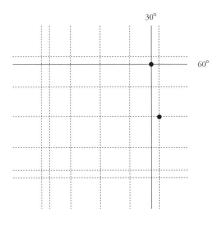

점 $(x, y) = (\cos 30°, \sin 60°)$

유리 응. 여기까진 알겠어. 크게 대각선 방향으로 점프해. 그
  렇지만 그 다음을 잘 모르겠어.

나 응, 좀 어렵긴 하지. 다음 단계는 세로로 그린 선을 왼쪽으
  로 한 칸 옮기고, 가로로 그린 선을 두 칸 움직이는 거야. 하
  지만 여기서 조심해야 할 점이 있어. 가로로 그린 선은 각
  도가 60°인 곳에서 60°만큼 움직이는 거니까 120°까지 이
  동하게 돼. 즉, 가로로 그린 선은 두 칸 이동한 결과, 위에서
  반사되어서 결국 같은 장소로 돌아오게 되지.

유리 아! 그렇게 하면 되는 거구나!

나 그러니까 세로로 그린 선은 각도가 60°인 곳에, 가로로 그린 선은 각도가 120°인 곳으로 이동해. 뭐, 실질적으로는 이동한 게 아니지.

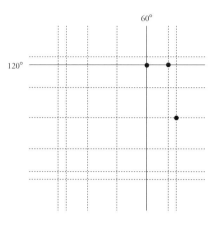

점 $(x, y) = (\cos60°, \sin120°)$

유리 그렇구나.

나 형태는 아직 잘 모르겠네.

유리 그러게.

나 다음 단계. 세로로 그린 선은 변함없이 30°만큼 움직여서 90°가 되고, 가로로 그린 선은 60°만큼 이동해서 180°가 되네.

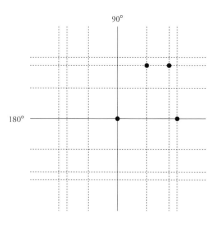

점 $(x, y) = (\cos 90°, \sin 180°)$

유리 역시, 타원 아닐까? 가늘고 긴 타원일 거야.

나 그럴까?

유리 별로 자신은… 없어.

나 다음 단계. 세로로 그린 선은 $120°$고 가로로 그린 선은 $240°$야.

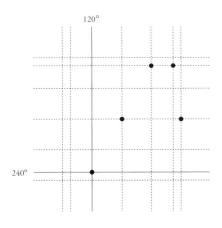

점 $(x, y) = (\cos 120°, \sin 240°)$

유리 이 상태라면 가늘고 긴 타원이 아래로 쑥 빠져나가 버릴 것 같아!

나 아니, 아니지. 유리야, 타원은 머릿속에서 잠시 접어두자. 대칭성을 생각한다면 앞으로 어떻게 될지는 상상해볼 수 있어.

유리 대칭성이라고?

나 다음 단계. 세로로 그린 선은 $150°$고 가로로 그린 선은 $300°$야.

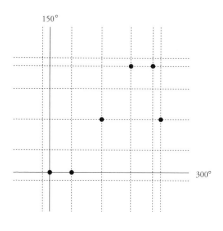

150°

300°

점 $(x, y) = (\cos 150°, \sin 300°)$

유리 어, 어? 반대 방향으로 꺾였어!

나 그러네.

유리 하지만 이대로라면 중간에서 부딪히게 될 거야.

나 부딪힌다고? 뭐, 계속해서 다음 것을 그려보자. 다음 단계. 세로로 그린 선은 180°고 가로로 그린 선은 360°야. 세로로 그린 선이 딱 절반만큼 왔는데, 가로로 그린 선은 한 번 왕복했지.

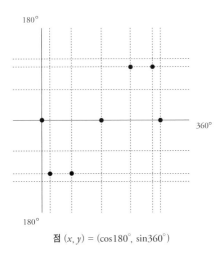

점 $(x, y) = (\cos 180^\circ, \sin 360^\circ)$

유리 어, 우와…. 이런 형태가 될 거라고는 생각도 못 했어. 뭐지, S자 모양이라고 해야 하나?

나 그러게. 옆으로 누운 'S'자 같아. 지금까지는 정확히 절반만 그린 거야. 나머지를 상상해 볼 수 있겠니?

유리 어, 그러니까… 응, 알겠다! 지금 모양에서 정확히 뒤집힌 S자 모양이 될 테니까 숫자 8처럼 될 거야!

나 자, 그럼 확인해 볼까? 나머지 절반 그리기 시작! 세로로 그린 선은 210°고 가로로 그린 선은 360°에서 60°만큼 더 나간 거니까, 결국 60°인 셈이야.

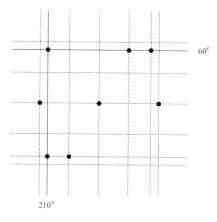

점 $(x, y) = (\cos 210°, \sin 60°)$

유리 오빠야, 오빠야! 더 이상 계산 안 해도 알 수 있어. 대칭
성을 사용하면!

나 그렇지. 그 다음은 네가 상상한대로야.

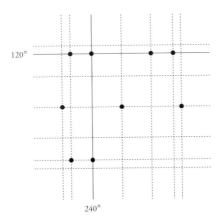

점 $(x, y) = (\cos 240°, \sin 120°)$

유리 그 다음엔 아까 지나간 중심에 한 번 더 부딪혀.

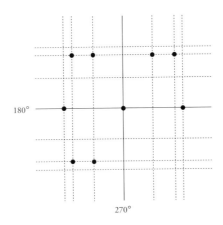

점 $(x, y) = (\cos 270°, \sin 180°)$

나 그렇지. '부딪힌다'는 건 그런 의미로 말한 거였구나.

유리 그리고 다음에는 확 오른쪽 아래 방향으로 이동해.

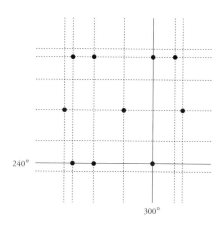

점 $(x, y) = (\cos 300°, \sin 240°)$

나 맞아.

유리 마지막으로 옆으로 조금 움직여.

나 실제로는 가로로 그린 선이 밑에서 반사되어 올라온 거
   지만.

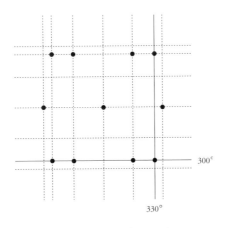

점 $(x, y) = (\cos 330°, \sin 300°)$

유리 이걸로 한 바퀴!

나 한 번 왕복. 세로로 그린 선은 좌우로 한 번 왕복한 거고, 가로로 그린 선은 위 아래로 두 번 왕복한 거야.

유리 봐봐! 역시 숫자 8 모양이 됐어!

나 그래. 세로로 그린 선과 가로로 그린 선이 움직이는 정도가 1 : 2의 비율이면, 타원이 아니라 이렇게 숫자 8 모양처럼 돼. 옆으로 누운 숫자 8이지만.

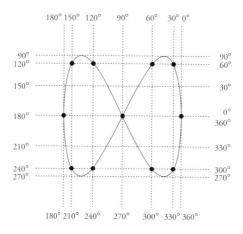

점 $(x, y) = (\cos\theta, \sin 2\theta)$로 그릴 수 있는 도형

2-6 여러 가지 도형을 그리자

유리 있지, 오빠야. 더 해보자, 더!

나 어?

유리 여러 가지 더 그려보자! 다양한 도형을 그려보는 거야!

나 어쩌지냐옹….

유리 내 흉내는 내지 말고.

나 그럼 이건 이해가 가려나? 지금까지는 세로로 그린 선보다 가로로 그린 선을 두 배만큼 앞서나가게 했지만, 이제부터 는 추가로 $30°$만큼 더 차이가 나도록 하는 거야.

유리 $30°$만큼 더 차이가 나도록 한다….

나 그래. 그러니까 시작점을 여기로 하는 거야.

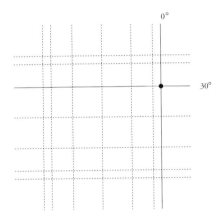

유리 어, 그러니까, 원을 $30°$만큼 차이가 나도록 했을 땐 타원 이었잖아? 그럼 이번엔 타원 모양의 숫자 8처럼 되겠구나!

나 머릿속으로 생각한대로 되겠지, 뭐.

유리 뭐야! 보통 다들 머릿속으로 생각해 보잖아!

나 미안, 미안. 시작점을 다르게 하면 이렇게 돼.

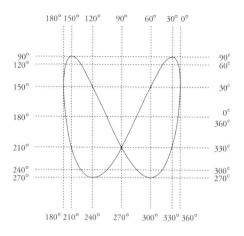

점 $(x, y) = (\cos\theta, \sin(2\theta + 30°))$로 그릴 수 있는 도형

유리 뭐야. 이거 타원이 아니잖아!

나 타원은 아니구나….

유리 그치만 누운 숫자 8을 뒤튼 것 같은 모양이야.

나 시작점을 다양하게 바꿔보자. 그럼 뭔가 깨달음이 있을 거야.

유리 뭐야, 이미 다 알고 있다는 듯한 거만한 말투는.

나 우선 $60°$ 차이가 나는 경우.

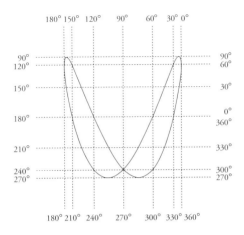

점 $(x, y) = (\cos\theta, \sin(2\theta + 60°))$로 그릴 수 있는 도형

유리 우와.

나 다음은 90° 차이 나는 경우.

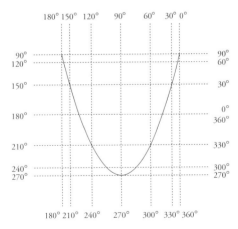

점 $(x, y) = (\cos\theta, \sin(2\theta + 90°))$로 그릴 수 있는 도형

유리 오호.

나 세로로 그린 선보다 가로로 그린 선을 두 배 앞서 이동시
킨다는 점에는 변함이 없어. 시작점을 바꾼 것뿐인데 도형
의 형태가 상당히 달라지네.

유리 그치만 있지, 오빠야. 커다란 형태가 보여.

나 커다란 형태?

유리 잘 봐. 오빠야도 아까 말했잖아. '타원은 원을 비스듬한
각도에서 본 것뿐'이라고. 이 형태는… 반으로 접은 원을
옆에서 보고 있는 것 같은 모양이야.

나 그러네. 반으로 접은 원이라고도 할 수 있겠지만, 휘어진
원에 더 가깝다고 생각해.

유리 세로로 그린 선과 가로로 그린 선의 이동 방법을 바꾸면
다양한 형태의 도형을 그릴 수 있구나.

나와 유리는 다양한 패턴을 그려보았다.

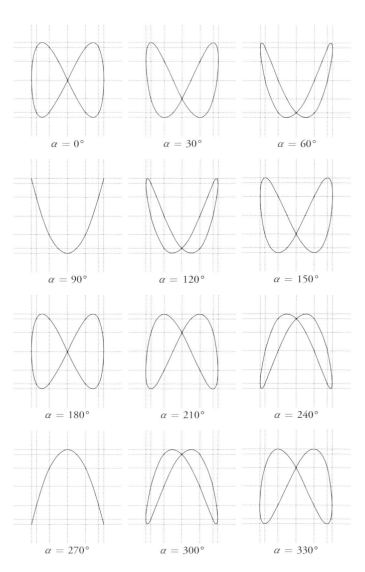

$\alpha = 0°$ $\alpha = 30°$ $\alpha = 60°$

$\alpha = 90°$ $\alpha = 120°$ $\alpha = 150°$

$\alpha = 180°$ $\alpha = 210°$ $\alpha = 240°$

$\alpha = 270°$ $\alpha = 300°$ $\alpha = 330°$

점 $(x, y) = (\cos\theta, \sin(2\theta + \alpha))$로 그릴 수 있는 도형

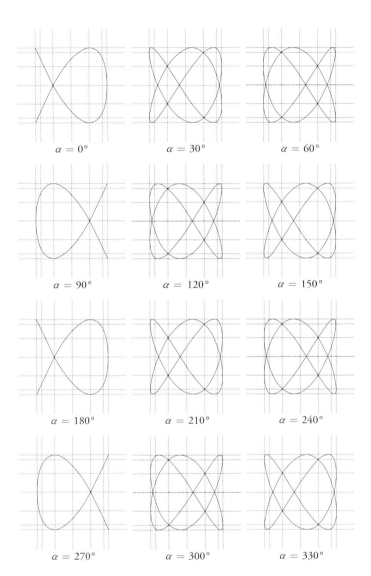

$\alpha = 0°$ $\alpha = 30°$ $\alpha = 60°$

$\alpha = 90°$ $\alpha = 120°$ $\alpha = 150°$

$\alpha = 180°$ $\alpha = 210°$ $\alpha = 240°$

$\alpha = 270°$ $\alpha = 300°$ $\alpha = 330°$

점 $(x, y) = (\cos 2\theta, \sin(3\theta + \alpha))$로 그릴 수 있는 도형

유리 오빠야! 여러 가지 모양을 그릴 수 있구나, 재밌다!

나 그렇구나. 이런 도형을 가리켜 리사주 도형이라고 불러.

유리 우와, 이름도 있나 보네.

나 응, 그래. 내가 처음으로 리사주 도형을 본 건 물리 시간이었어.

유리 물리? 수학이 아니라?

나 응. 전기 실험을 했을 때, 선생님께서 '덤'으로 가르쳐 주는 거라면서 보여주셨어. 오실로스코프라는 기계를 가지고 말이야.

유리 우와. 고등학교에서는 재밌는 걸 많이 하나보다!

나 응, 재미있어. 음, 그러니까, 정확히 말하면 선생님이 누구신가에 따라 다른 걸지도 몰라. 그런 재미있는 이야기를 해주시는 분도 계시지만, 그렇지 않은 분도 계시니까….

유리 인생살이 쉽지 않구먼, 총각.

나 갑자기 웬 할머니 말투?

어머니 얘들아! 간식이 다 되었단다!

유리 아, 네! 금방 갈게요!

나 금세 원상복귀?

부엌에서 어머니께서 부르시는 목소리에 나와 유리는 거실

124

로 향한다. 즐거운 수학 토크는 잠시 휴식. 지금은 간식 시간
이다.

"두 사람이 되면, 불가사의한 일이 시작된다."

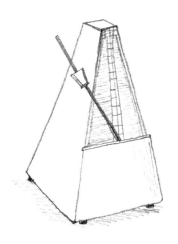

부록 : 리사주 도형 용지

복사해서 다양한 리사주 도형을 그려보자.

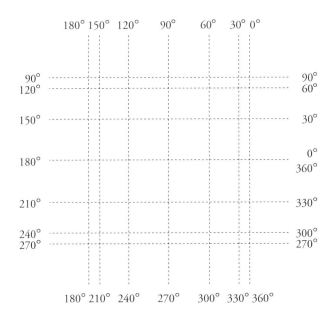

제2장의 문제

●●● **문제 2-1** ($\cos\theta$와 $\sin\theta$)

$\cos\theta$와 $\sin\theta$에 대해 0과 크기를 비교하시오.

- 0보다 크면(양의 값) '+'
- 0과 같으면 '0'
- 0보다 작으면(음의 값) '−'

아래 표의 빈칸에 적절한 부호나 숫자를 채우시오.

θ	$0°$	$30°$	$60°$	$90°$	$120°$	$150°$
$\cos\theta$	+					
$\sin\theta$	0					

θ	$180°$	$210°$	$240°$	$270°$	$300°$	$330°$
$\cos\theta$	−					
$\sin\theta$	0					

(해답은 324쪽에)

θ가 $0° \leq \theta < 360°$일 때, 이하의 점 (x, y)는 각각 어떠한 도형을 나타내는가?

    (1) 점 $(x, y) = (\cos(\theta + 30°), \sin(\theta + 30°))$

    (2) 점 $(x, y) = (\cos\theta, \sin(\theta - 30°))$

    (3) 점 $(x, y) = (\cos(\theta + 30°), \sin\theta)$

리사주 도형 용지(126쪽)를 사용하여 그리시오.

(해답은 327쪽에)

제3장

세계를 돌리다

'재료만 모두 모아 준다면, 세계를 만들어 보이겠소.'

이곳은 도서실. 지금은 방과 후. 여느 때처럼 내가 수학 공부를 하고 있는데 후배 테트라가 다가왔다.

테트라 선배님! 수학 공부 중이신 거예요?
나 응, 테트라.

테트라는 언제나 기운이 넘치는 여학생이다. 수학에는 그다지 자신이 없는 듯하지만, 배우려는 열의가 무척 강하다. 내 노트를 흥미롭다는 표정으로 들여다보고 있다.

테트라 이건…?

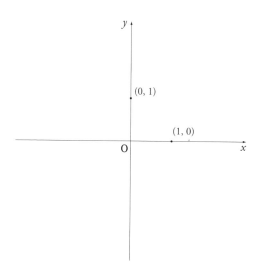

나 보다시피 좌표평면이야.

테트라 네…. 그치만 아무것도 그려져 있지 않네요.

나 응, 잠시 생각을 좀 하고 있었어. 하지만 아무것도 없는 건
 아니야. 점이 2개 있잖아. (1, 0)하고 (0, 1).

테트라 네, 그러네요.

나 x축 위에 (1, 0)이 있고, y축 위에 (0, 1)이 있지. 이 2개의
 점은 아주 중요해. 이걸로 세계를 만들어 낼 수 있으니까.

테트라 세계! 그런 걸 만들어 낼 수 있다고요!

나 미안. 지금 말한 세계란 평면 이야기야.

테트라 아, 네….

테트라는 맥이 빠진 표정으로 커다란 눈을 깜빡였다.

나 있지, 테트라는 '도형은 약속을 만족하는 점의 모임이다'라
　는 말이 무슨 뜻인지 알고 있어?

테트라 네? 네, 조금이요. 도형이라는 건 삼각형이나 원, 직
　선 같은 것들을 말하는 거죠? 도형은 모두 점이 모여서 생
　긴 거고요….

나 그래. 이 좌표평면 위에 그려진 도형은 모두 점의 모임이
　지. 수학에서는 '점의 집합'이라고 부르기도 해.

테트라 네.

나 수학에서는 도형을 다루는 경우가 자주 있잖아. 도형은
　'점의 집합'이니까, 점을 잘 다룰 수 있으면 그건 도형을 잘
　다룰 수 있다는 의미가 되지. 이 말은 이해돼?

테트라 네, 네. 무슨 말씀이신지 알겠어요. 하나 하나의 점을 잘
　다루면, 점이 모여서 생긴 도형도 잘 다룰 수 있다는 의미
　죠. 구체적으로 '수학에서 점을 다룬다'라는 말이 무슨 뜻인
　지는 잘 모르겠지만요….

나 예를 들어, 이전에 함께 포물선의 그래프를 그렸을 때도 그
　래프라는 도형을 점의 모임으로 생각했었지(《수학 소녀의
　비밀노트 – 잡아라 식과 그래프》 제5장 참조).

테트라 음, 그러니까 도형의 방정식이 나왔었죠.

나 그래. $y = x^2$이라는 포물선의 방정식에서 그 포물선 위에 있는 점은 제약이 있지.

테트라 네, 규칙으로 묶이게 되죠. 포물선 위에 있지 않으면 안 되니까요.

나 맞아, 맞아. 포물선 위의 점을 (x, y)로 나타낼 때, 그 점은 반드시 $y = x^2$이라는 관계식을 만족시키지.

테트라 맞아요, 그랬었죠. 그게 도형의 방정식이에요, 그죠?

나 응. 그럼 그 지점에서… 이야기는 다시 좌표평면으로 돌아오게 되지. 평면 위에는 아주 많은 무수한 점이 있어. 이 그림에는 $(1, 0)$과 $(0, 1)$이라는 2개의 점밖에 그려놓지 않았지만.

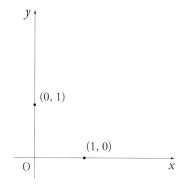

테트라 네, 그래요. 이 평면을 빼곡하게 채우고 있는 점이 분명 존재하죠. 보이지는 않지만요.

나 좌표평면에 있는 점은 모두 2개의 수의 쌍으로 나타낼 수 있어. (a, b)라고 나타내는 x좌표가 a, y좌표가 b인 두 개의 수의 쌍 말이야.

테트라 네! 수업 시간에는 '장기판과 바둑판처럼'이라고 배웠어요.

나 응, 그래. 2개의 수의 쌍으로 1개의 점을 나타내는 거야. 그런데 (a, b)라고 나타내는 방법을 좀 더 깊게 생각해 보자.

테트라 네.

나 적당히 고른 점 (a, b)가 예를 들어 여기에 있다고 해보자.

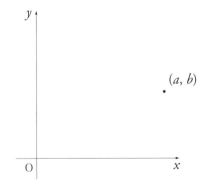

테트라 네.

나 이 점 (a, b)의 'x좌표'와 'y좌표'는 어떻게 되는지 알겠어?

테트라 네, 알아요. 이 점의 x좌표는 a고, y좌표는 b예요. 여기에 이렇게 점선을 그리면 알 수 있어요. 보세요.

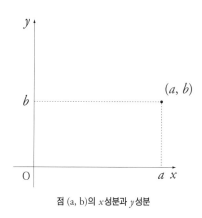

점 (a, b)의 x성분과 y성분

나 응, 잘했어. a를 점 (a, b)의 x성분이라고 부르는 경우도 있어. b는 점 (a, b)의 y성분.

테트라 성분이라니, 화학 시간 같네요.

나 맞아. 성분이라고 부르는 건 a와 b가 (a, b)를 만드는 재료가 되기 때문인 것 같아.

테트라 네, 그럴 수도 있겠네요.

나 지금은 a와 b처럼 간단하게 쓰지만, 그 a와 b라는 수의

의미를 제대로 이해하려면 x축과 y축 각각의 단위가 필요
해. 달리 말하면 x축과 y축에서의 1의 크기가 어느 정도인
지 확실하게 한다는 거지. 그 단위를 정하는 것이 내가 그
린 2개의 점이야.

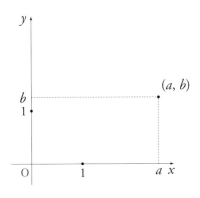

테트라 어…, 무슨 이야기인지 이해가 잘 안 돼요.

나 예를 들어, 이 점 (a, b)까지 가기 위해서는 원점 $(0, 0)$에서
오른쪽으로 a만큼, 위로 b만큼 이동하면 되잖아.

테트라 그렇죠.

나 그리고 이걸로 위치가 정해졌다고 말하려면 'a만큼 이동
한다는 것의 크기가 얼마인가'를 알아야 가능하지.

테트라 그러니까 기준이 필요하다는 말씀이신 거예요?

나 응. 그 기준의 양을 단위라고 불렀던 거야.

테트라 네…. 어쨌든 이해가 됐어요.

나 원점이 정해져 있고, x축과 y축의 어디에 1이 존재하는 지가 정해지면, 좌표평면 위의 어떤 점이든 (a, b)라는 수의 쌍으로 나타낼 수 있어. a는 원점 $(0, 0)$에서 얼마나 오른쪽으로 이동했는가를, b는 얼마나 위로 이동했는가를 정해준 것이 되지.

테트라 네, 잘 알겠어요. 바둑판의 눈금과 같은 평면을 오른쪽으로 a만큼, 위로 b만큼 이동한 곳에 (a, b)라는 점이 있다는 거죠?

나 응, 맞아. 그렇게 눈금을 그리면 이미지를 떠올리기 쉬워지지.

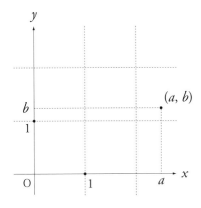

테트라 아, 그렇군요. 오른쪽으로 이동하는 (a)는 2보다 좀 크고, 위로 이동하는 (b)는 1보다 좀 크네요.

3-2 벡터

나 지금까지는 좌표평면에 대한 복습이었어. 이제부터는 벡터라는 것에 대해 이야기해 보자. 수업 시간에 벡터에 대해서는 배웠지?

테트라 아, 네. 배우기는 했어요. 그 화살표가 나오는데, 솔직히 아직 '잘 알겠다'는 느낌은 들지 않아요.

나 실은 말이야, 벡터의 기본은 지금까지 한 이야기에서 이미 설명을 다 한 셈이야.

테트라 뭐라고요! 하지만 화살표가 나오지 않았는걸요….

나 예를 들어 점 (1, 0)과 점 (0, 1)이 중요하다는 이야기를 했는데 그건 이런 2개의 단위 벡터 이야기를 한 것이라고도 할 수 있지.

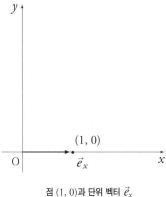

점 $(1, 0)$과 단위 벡터 $\vec{e}_x$

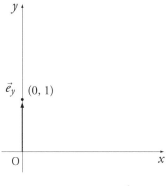

점 $(0, 1)$과 단위 벡터 $\vec{e}_y$

테트라 어…, 그러니까… 화살표는 나오지 않았는데요….

나 벡터는 보통 화살표로 나타내지. 화살표는 시작하는 점 (시점)과 끝나는 점(종점), 이 2개의 점으로 정해지잖아.

테트라 맞아요. 끝나는 점이란 화살표의 뾰족한 끝 부분을 이야기하는 거죠?

나 응. 화살표가 시점과 종점, 이 2개의 점으로 결정된다면, 시점을 원점 $(0, 0)$에 고정시킨 경우, 화살표라는 건 점과 똑같은 거야. 종점이 결정되면 화살표도 결정되니까.

테트라 아아⋯. 그건 그렇지만요⋯.

나 지금은 점 $(1, 0)$을 벡터 $\vec{e}_x$로, 점 $(0, 1)$을 $\vec{e}_y$로 나타냈어. 이로써 벡터와 점을 동일시할 수 있게 되지. 벡터와 점을 동일하다고 볼 수 있게 되는 거야.

테트라 벡터와 점을 동일하다고 본다⋯.

나 이 그림을 한번 볼래?

테트라 네.

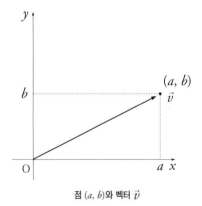

점 (a, b)와 벡터 $\vec{v}$

140

나 이 벡터 $\vec{v}$와 점 (a, b)를 동일시한다는 의미야.

테트라 선배님, 죄송한데요…. 너무 어려워서 무슨 말인지 모르겠어요.

나 그렇지 않아. 지금은 어려운 이야기를 하고 있는 게 아냐.

테트라 하지만 왜 이 벡터 $\vec{v}$가 (a, b)라는 점과 동일하다는 게 가능한지, 그 이론이라고 해야 하려나요, 그게 저는 잘 이해가 되지 않아요.

나 음, 그러니까, 테트라. 지금 내가 하는 얘기는 뭔가 대단한 이론을 사용해서 무언가를 유도하거나 증명하고 있는 게 아니야. 이건 '대상을 보는 시각'에 대한 이야기를 하고 있는 거야.

테트라 ….

나 그렇다면… 테트라가 단번에 쉽게 이해할 수 있도록 풀어서 얘기해볼게. 지금 설명하고 있는 것은 벡터라는 표현 방법에 대해 말하고 있는 거야. 점을 표현하는 방법의 하나라고 할 수 있지.

테트라 표현하는 방법이라면… 언어라는 건가요?

나 응, 그래. 그렇게 생각해도 좋아. 우리는 평면 위의 점을 나타내는 방법을 2가지 이야기했었지.

- **도형** : 모눈종이 위에 구체적으로 그려서 점을 나타내는 방법.

- **성분** : 좌표축을 정해 (a, b)처럼 x좌표와 y좌표의 2개의 수의 쌍으로 점을 나타내는 방법.

테트라 네, 맞아요.

나 그리고 말이지, 지금 이야기한 건 점을 나타내는 또 하나의 방법이야.

- **벡터** : 원점을 시점으로 하는 화살표의 종점으로 점을 나타내는 방법.

테트라 어? 그게 전부예요?

나 그래. 기본적으로는 이게 이야기의 전부야. 어쨌든 지금은 벡터라는 표현 방법을 사용해서 점을 나타낼 수 있고, 그건 이렇게 화살표로 나타내는 경우가 많다는 게 지금 한 이야기야.

테트라 저… 왠지 어려울 것 같은 '벡터'라는 단어 때문에 어렵다고 지레짐작했어요. 요약하자면 점의 표현 방법이었던 거군요.

나 응. 벡터의 역할은 여러 가지가 있지만, 점을 나타내는 것도 그 하나야. 엄밀하게는 '위치 벡터'라고 하기도 하지.

테트라 그렇군요….

나 수학에서는 엄밀하게 나타내기 위해 새로운 언어를 사용하는 경우가 있어. 아이디어 자체는 굉장히 단순한 것이어도 말이지. 그 때문에 처음 접하는 표현에 당황하게 되기도 해.

테트라 지금이 딱 그런 상황이에요! 어려울 것 같은 표현 때문에 '으아아아아~ 어쩌지'하는 심정이에요….

나 책을 읽거나 수업을 들을 때도 일단은 꾹 참고, 어렵게 느껴지는 단어 자체보다는 설명하려고 하는 내용에 집중하는 편이 좋아.

테트라 잘 알겠어요.

3-3 벡터의 실수배

나 벡터는 점과 동일시할 수 있지만, 벡터만의 계산도 있어. 벡터의 계산이야.

테트라 벡터의 계산이요?

나 그래. 예를 들어, 벡터의 방향을 바꾸지 않고 쑥쑥 늘리는 계산법이 있지. 그건 실수를 벡터에 곱하는 거야. 실수 a를 단위 벡터 $\vec{e}_x$에 곱하면, 벡터는 a의 크기만큼 늘어나게 돼. 이것을 벡터의 실수배라고 해. 그림으로 그리면 이런 느낌이지.

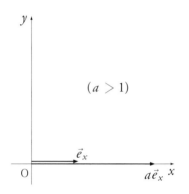

벡터의 실수배(실수 a를 단위 벡터 $\vec{e}_x$에 곱했다)

테트라 네, 그렸어요. 벡터를 늘린다는 거죠.

나 정확히 말하자면 '늘린다'는 것은 $a > 1$일 때뿐이야. $a = 1$이면 '변함없음'이고, $0 \leqq a < 1$이면 '줄어든다'고, $a < 0$이면 '역방향이 된다'고 해야겠지.

테트라 그러네요.

나 1보다 큰 실수 b를 단위 벡터 $\vec{e}_y$에 곱하면 이렇게 되겠지.

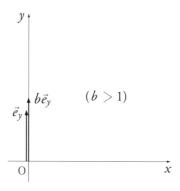

벡터의 실수배(실수 b를 단위 벡터 $\vec{e}_y$에 곱했다)

테트라 네, 조금이지만 늘어났네요.

나 그리고 벡터의 계산이 하나 더 있어. 아까는 실수를 벡터에 곱했어. 이번엔 벡터의 덧셈이야. 예를 들어 아까 만든 2개의 벡터를 추가하면 새로운 벡터 $\vec{v}$가 생겨.

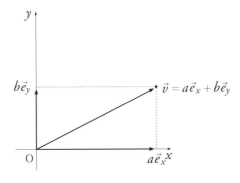

벡터의 덧셈(벡터 $a\vec{e}_x$와 벡터 $b\vec{e}_y$를 더했다)

테트라 아, 이거 수업 시간에 했어요! 선생님 말씀은 잘 이해
가 안 가서, '그래서 결론이 뭐지?'라는 느낌이었어요.

나 응, 그래. 벡터의 덧셈은 도형을 그리면 그냥 '뭐 그런가'
싶은 생각이 들지만, '그래서 결론이 뭐지?'라는 생각도 들
지. 하지만 '벡터의 실수배'와 '벡터의 덧셈'이라는 무기를
손에 넣고 보면 알 수 있는 것들이 있지.

테트라 알 수 있는 것들이라고 하면 무엇을 이야기하시는 거
죠?

나 점을 나타내는 방법 3가지에 대해 이야기했지? '도형으로
점을 나타낸다.' '(x, y)의 성분으로 점을 나타낸다.' 그리고
'벡터로 점을 나타낸다.'는 3가지 방법.

146

테트라 네.

나 도형으로 점을 나타내면 점을 눈으로 직접 볼 수가 있지. (x, y)의 성분으로 점을 나타내면 가로와 세로로 얼마나 이동하면 그 점에 이를 수 있는지를 알 수 있지.

테트라 네, 그렇죠.

나 그리고 나머지 하나. 벡터로 점을 표현하면 벡터를 사용해서 점끼리 '계산'할 수 있게 된다는 거야!

테트라 아….

나 물론 성분을 사용해도 계산은 할 수 있어. 하지만 벡터로 점을 나타내면, 성분을 신경 쓰지 않고도 계산할 수 있게 되지. 그럴 때 사용할 수 있는 것이 '벡터의 실수배'와 '벡터의 덧셈'인 거야.

테트라 아…, 아직 잘은 모르겠지만, 뭔가 조금은 이해가 된 것 같아요. 벡터에 관해서 말이에요!

3-5 회전

나 실은, 내가 아까 생각하고 있었던 것은 회전에 관한 거였어.

테트라 회전이요? 빙글빙글 도는 그 회전 말이에요?

나 그래. 회전은 회전의 중심과 회전각으로 결정되지.

테트라 회전각이란 얼마나 돌리는가를 나타내는 각도로군요.

나 그렇지. 회전에서는 회전의 중심과 회전각, 이 2가지가 중요하지만, 지금은 회전의 중심을 원점 $(0, 0)$에 고정시키는 걸로 하자. 원점을 회전의 중심으로 해서 좌표평면 위의 점 (a, b)를 회전시켜 보려고 해.

테트라 왜요?

나 어?

테트라 왜 점을 회전시키고 싶으신 건데요?

테트라의 질문에 나는 순간 말문이 막혔다.

나 그건 그러니까, 정말 테트라는 테트라답구나! 정말 솔직하고 직설적인 질문이야.

테트라 아, 죄송해요…. 항상 이상한 질문만 드려서.

나 아니야, 사과할 일이 아니야. 네 말이 맞아. 느닷없이 '점을 회전시켜 보고 싶다'는 말을 들으면 당황스럽겠지.

테트라 네…. 저, 수업시간에는 말이에요, 그런 질문 같은 거

하기가 어렵거든요. 선생님은 곧잘 '그럼 ○○에 대해서 생
각해 보자'고만 말씀하세요.

나 응, 맞아, 그렇게 말씀하시지.

테트라 전 말이죠, 그럴 때 '왜?'라는 의문이 들어요. 선생님께
서 그런 말씀을 하실 때면 확실히 교과서에는 '○○에 대해
서'라고 적혀있긴 해요. 그래서 아, 그런 흐름이 자연스러
운 건가, 하고 이해는 하고 있지만요. 그래도 '왜?'라는 의
문이 사라지진 않아요.

나 응, 그렇겠네.

테트라 이상한 이야기만 해서 죄송해요.

테트라는 고개를 깊이 숙이며 사과했다.

나 아냐, 아냐. 테트라는 조금도 이상한 이야기를 하는 게 아
니야. 그럼… 이야기를 다시 되돌려 볼까? '왜 좌표평면 위
의 점 (a, b)를 회전시키고 싶은 것일까?'라는 너의 질문
에 간략히 대답하자면 '그걸 생각해 보고 싶기' 때문이야.

테트라 점을 회전시키는 것을 '생각해 보고 싶어서'라고요?

나 응. 아까 '수학에서 도형을 다룬다'는 이야기를 했는데, 그
거랑 연관되는 거야. 있지, 테트라. 너는 눈앞에 잘 알지 못

하는 '장난감'이 놓여 있다면 만져보고 손으로 톡톡 쳐 보고, 잡아당기고, 비틀거나 돌려보고, 뒤집어 보고 그렇게 만지작거려 보고 싶어지지 않니?

테트라 네! 굉장히 그러고 싶어져요!

나 그렇지? 수학에 나오는 개념에 대해서도 똑같아. 잘 모르겠지만 재미있어 보이는 '장난감'과 닮았지.

테트라 선배는 그렇게 생각하시는군요?

나 응. 그러니까,

수학으로 도형을 다뤄보자

↓

도형은 약속을 만족하는 점의 집합이다

↓

그럼 점을 여러모로 살펴보자

이런 방식으로 생각하게 돼. 눈앞에 점 (a, b)가 있을 때 '회전시키면 어떻게 되지?'라는 생각이 들지. 이건 '장난감'을 만지려는 것과 비슷해.

테트라 그렇군요.

나 그래서 말이야, '이렇게 하면 어떻게 되지?'라는 의문을 갖는 것은 수학을 배우는 과정에서 아주 중요해. 무엇보다도 고등학교에서 배우는 수학으로 할 수 있는 것은 한계가 있어. 수학적인 능력을 잘 길러두지 않으면 복잡한 것들은 할 수가 없어. 교과서에 나온 내용은 배우기 쉽도록 잘 정리된 도구고….

테트라 아!

나 왜 그래?

테트라 이제 알겠어요. 선배님과 저의 차이점!

나 뭔데?

테트라 그러니까요, 제게 수학은 '이미 완성품이라는 느낌'이 들어요. 당연하잖아요. 교과서를 펼쳐서 페이지를 넘기면 전부 다 쓰여 있으니까요! 꼼꼼히 잘 정리되어 있고, 전부 그 내용이 기록되어 있죠. 하지만, 선배님은 수학을 그런 식으로 바라보고 계시지 않는 거예요. 그러니까 자유롭게 만져볼 수 있는 '장난감'처럼 생각할 수 있는 거죠. 하지만 저는 수학을 '장난감'처럼 제 맘대로 만져볼 수 있다는 생각이 들지 않아요.

나 그렇구나. 네가 하려는 말은 잘 알겠어. 그런데 실제로 조금만 궁리해 보면 '장난감'이 돼.

테트라 수학을 궁리한다고요?

나 응, '백지 노트에 내 힘으로 수학을 재현'하는 거야. 수학 교과서나 참고서에서 본 것을 떠올리면서 전부 재현해 보는 거지. 나는 항상 그렇게 하고 있어.

테트라 전부 재현한다고요!

나 응, 그래. 예를 들면 말이야, 아까부터 점을 회전시킨다는 이야기를 하고 있는데, 나는 이미 '좌표평면 위의 점의 회전'에 대해서는 공부를 했어. 회전시킨다는 것을 머리로는 이해하고 있는 거야. 하지만 정말로 이해한 것인지를 확인하고 싶었지. 그래서 아무것도 적혀있지 않은 노트에 좌표축을 그리고 $(1, 0)$과 $(0, 1)$이라는 2개의 점을 찍어 혼자 힘으로 수학을 전개해 나가자고 생각했던 거야.

테트라 하지만 저한테는 그런 거, 너무 힘들어요.

나 여기서 중요한 것은 '점을 회전시켜 보자'가 아니어도 된다는 거야. '오른쪽으로 이동시켜 보자'여도 '좌표축을 대칭축으로 하여 이동시켜 보자'여도, 어떤 다른 것이어도 괜찮아. 노트에 혼자 힘으로 수학을 전개하기. 그것이 '장난감'처럼 수학을 가지고 노는 방법 중의 하나야. 자신이 가지고 있는 수학적인 능력의 범위 안에서 해보는 것으로 충분해.

테트라 자신이 가지고 있는 능력의 범위만으로도 충분하다는 거군요!

나 응, 맞아. 우선 자기가 할 수 있는 것을 확인하지 않으면 아무것도 할 수 없잖아. 이해도 안 되는 내용 투성이면 재미도 없고. 나는 백지 노트에서 시작해서 도형을 그리고 회전시켜봐야겠다고 생각했어. 바로 그 순간 네가 나타난 거고.

테트라 아, 제가 선배님 공부하시는 데 방해를 했군요.

나 그건 아니야. 어쨌든 이걸로 '왜 점을 회전시킬까?'라는 너의 의문에 대해 충분한 대답이 됐니?

테트라 네! '그걸 생각해 보고 싶으니까'인 거지욧!

3-6 점의 회전

나 그래. 그럼 우리가 한 이야기에서 핵심인 회전이란 걸 시켜보자. 우선 점 (a, b)가 있을 때, 이것을 각 θ만큼 회전시킨 점을 (a', b')이라고 하자. 회전 방향은 왼쪽, 즉 반시계 방향이야.

테트라 이렇게 하면 될까요?

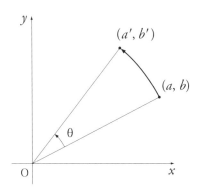

나 그렇지. 원점에 컴퍼스의 바늘을 정확히 꽂고 부채꼴의 호를 그린 것 같은 그림이지.

테트라 네, 맞아요.

나 지금 우리는 도형으로 표현한 점을 회전시킨 거야.

테트라 ?

나 아까 점을 어떻게 표현하는지에 관한 이야기를 했잖아. 도형으로 점을 나타내는 것과 (x, y)의 성분으로 점을 나타내는 것, 그리고 벡터로 점을 나타내는 것….

테트라 아, 네. 점을 나타내는 3가지 표현.

나 도형으로 표현한 점은 이걸로 회전시킬 수 있었지만, (x, y)의 성분으로 표현한 점은 어떻게 하면 회전시킬 수 있을까?

테트라 …?

3-7 좌표 사용하기

나 이해가 잘 안 되면, 아까 그린 그림을 사용해서 이야기해 볼까?

테트라 네.

나 회전시키기 전의 점은 (a, b)이고, 회전시킨 후의 점은 (a', b')이었지.

테트라 맞아요. 이 (a, b)에 있었던 점이… 빙그르르 돌아서 여기 (a', b')까지 왔어요.

나 우린 지금 점을 (a, b)라고 나타내고 있지. x좌표가 a, y좌표가 b라는 거지. x성분이 a, y성분이 b라고 해도 괜찮겠지.

테트라 네.

나 그리고 회전시킨 후의 점을 (a', b')으로 나타냈어. 이제는 x좌표가 a', y좌표가 b'이 됐네.

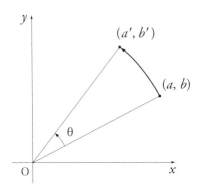

테트라 네, 그러네요. 회전시켰기 때문에 좌표가 달라졌죠.

나 점을 이렇게 x좌표와 y좌표로 나타낼 때 '점을 회전시킨 다'는 건 어떤 거라고 생각해?

테트라 네?

나 좌표로 점을 나타낼 때, 무엇이 가능하면 '점을 회전시킬 수 있다'고 할 수 있을까?라는 질문으로 바꿔서 생각해도 괜찮아.

테트라 그렇군요…. 무엇이 가능해야 할까요?

나 회전시키기 전의 점은 (a, b)고 회전시킨 후의 점은 (a', b') 이지. 따라서 '점을 회전시킨다'는 것을 이렇게 생각하자.

테트라 아아, 이제 알겠어요. 이건 a와 b와 회전각을 이용해서 뭐랄까, 그 복잡한 계산을 해서 a'과 b'을 구한다는 의미인 건가요?

나 그래. 복잡한 계산인지 아닌지는 중요하지 않지만, 그런 의미야. a와 b와 회전각으로부터 a'과 b'을 계산해서 구하는 것. 그게 가능하면 점을 회전시키는 것이 가능하다고 볼 수 있지. 실제로는 계산하기 위한 수식을 세우는 것이 돼.

테트라 네, 이해가 돼요. 아, 저기, 질문이 있는데요.

나 뭔데?

테트라 (a, b)에서 (a', b')을 계산하는 건 괜찮은데요? 그렇다면 회전시키기 전과 시킨 후라는 2개의 점만 생각하는 거잖아요.

나 응, 그렇게 생각하는 건데?

테트라 아, 저는 회전이라고 하면 아까 컴퍼스로 그린 부채꼴의 호처럼 빙그르르 이동하고 있는 것을 상상하게 되거든요. 그래서 점이 2개뿐인데 회전이라고 부르는 것이 신경 쓰여요.

나 그럴 수도 있겠구나! 응, 네가 가진 의문이 무슨 뜻인지 잘 알겠어. 확실히 그렇긴 하네. 회전이라고 하면 이동하는 것을 생각하게 될 테니까. 하지만 2개의 점만 생각하더라도 괜찮아.

테트라 왜 그렇죠?

나 지금부터 우리들이 생각하는 점의 회전, 즉 좌표 계산에는 회전각이 등장하기 때문이지.

테트라 ?

나 우리는 회전각을 θ라는 문자로 나타내고 있으니, '문자의 도입에 따른 일반화'를 하는 것이 돼.

테트라 '문자의 도입에 따른 일반화'라…. 각도를 θ로 나타내서 일반적인 회전으로 생각한다는 거군요.

테트라는 여느 때처럼 '비밀노트'에 메모를 하면서 말했다. 그녀는 중요한 것을 모두 그 노트에 기록하고 있다.

나 그래, 그래. 일반화한 거니까, θ는 원하는 아무 각도나 가능해. 아까 네가 신경 쓰인다고 했던 부채꼴의 호도 그릴 수 있지. 원하는 각도로 회전시킬 수 있다는 것은 컴퍼스를 돌리는 것과 동일한 거니까.

테트라 아아, 그렇네요. 각이 크든 작든 상관없다는 뜻이네요.

나 그래. 우린 이제 '회전시킨 후의 점을 구하는 식'을 세울 건데, 문자를 이용한 일반각을 사용한다면, 점을 2개만 생각해도 충분히 부채꼴의 호를 생각하는 것과 같은 거야.

테트라 잘 알겠어요…. 하지만 아직 어떤 식을 이용해서 점을 회전시키는지는 모르겠어요.

나 응, 그럼 회전시키는 방법을 함께 생각해 보자.

테트라 넵!

3-8 함께 풀 문제

나 우선 우리가 함께 생각해 보려는 문제를 한번 정리해 볼게.

함께 풀 문제: 점 (a, b)를 회전시키기

- 회전의 중심을 원점 $(0, 0)$으로 한다.

- 회전각을 θ로 한다.
- 회전시키기 전의 점을 (a, b)로 한다.
- 회전시킨 후의 점을 (a', b')으로 한다.

이때, a'와 b'을 $a, b, θ$를 사용하여 나타내어라.

테트라 네, 저희가 함께 풀 문제는 이해가 됐어요⋯. 하지만 어떤 식으로 풀어나가야 할지 전혀 모르겠어요. 죄송해요.

나 응. 이런 문제를 생각해 본 적이 없으면 모르는 것이 당연하지. 그러니까 사과는 안 해도 돼, 테트라.

테트라 가르쳐 주시는 거예요?

나 그냥 가르쳐 줄 수도 있지만, 기왕 함께 생각해 보기로 했으니까 수학적으로 어떻게 생각하면 좋을지 잘 모를 때, 내가 하는 방식을 가지고 함께 해보자.

테트라 선배님께서 생각하는 방식이라는 거죠! 네, 부탁드려요!

나 멋들어지게 표현했지만 그렇게 하는 것이 당연한 거긴 해. 지금 우리는 점 (a, b)를 θ만큼 회전시킨다는 일반화한 문제를 풀려고 하고 있지.

테트라 네, '문자의 도입에 따른 일반화'…죠?

테트라는 '비밀노트'에 적힌 내용을 보며 말했다.

나 응. 일반화해서 생각하는 것은 중요하지만, 너무 추상적이어서 생각하기 어려울 수도 있어. 그럴 때는 일부러 반대 방향으로 생각을 진행해 보는 거야. 특수화를 시키는 거지. 구체화라고 해도 괜찮고. 바로 '변수 대입에 따른 특수화'야.

테트라 ?

3-9 x축 위의 점

나 일반화한 점 (a, b)를 회전시켜 보자는 생각 대신, 예를 들어 x축 위에 있는 점을 회전시켜 보자는 식으로 생각하는 거야. x축 위에 있는 점에 한정해서 생각한다는 거지.

테트라 x축 위에 있는 점의 회전이라…. 그게 '변수 대입에 따른 특수화'가 되는 건가요?

나 그래. x축 위에 있다는 것은 y좌표의 값이 0이라는 거니까, 점 (a, b)의 b에 0을 대입한 점 $(a, 0)$에 대해 생각해 본다는 게 되지. 그럼 좀 쉽게 이해할 수 있을지도 몰라.

테트라 아아, 그렇군요!

나 그럼 이런 문제를 생각해 보자.

문제 1: x축 위의 점 $(a, 0)$을 회전시키기

- 회전의 중심을 원점 $(0, 0)$으로 한다.
- 회전각을 θ로 한다.
- 회전시키기 전의 점을 $(a, 0)$으로 한다.
- 회전시킨 후의 점을 (a_1, b_1)로 한다.

이때, a_1과 b_1을 a와 θ를 사용하여 나타내어라.

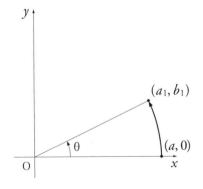

테트라 아, 문자 b가 사라졌네요!

나 그래. 특수화해서 문자가 줄어들었기 때문이지. 이걸로 문제가 간단해질 거라고 기대해 보자.

테트라 이 문제 1은…, 저도 풀 수 있을까요?

나 우선은 혼자 힘으로 그림을 그려봐.

테트라 아, 네. 그럴게요.

테트라가 그린 첫 번째 그림

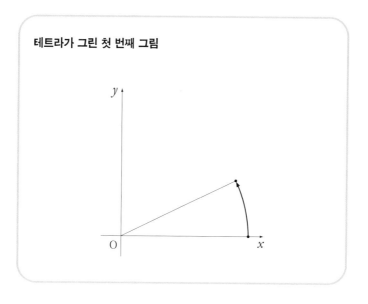

테트라 네…. 다 그렸어요.

나 '구하려는 것은 무엇인가'.

테트라 네?

나 수학 문제에 대해서 생각할 때의 '질문'이야. 이 문제에서
   네가 구하려는 것은 무엇인가.

테트라 구하려는 것은…, a_1과 b_1이에요.

나 그렇다면, 그것도 그림에 그려 넣어야지.

테트라 아. 그, 그러네요. 죄송해요.

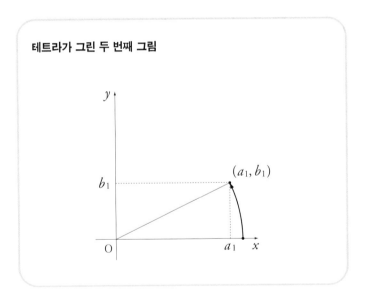

테트라가 그린 두 번째 그림

나 자, 이제 이걸로 문제 1을 풀 수 있을까?

테트라 어, 그러니까….

나 그럼 다음 '질문'이야. 이 문제에서 네게 '주어진 것은 무 엇인가'.

테트라 주어진 것은…, a예요. b는 없으니까요.

나 a뿐이라고?

테트라 아, 아니네요! 각 θ도 있어요. 주어진 것은 a와 θ예요.

나 그렇지. 그렇다면 a와 θ도 그림에 그려 넣어야겠지.

테트라 아…, 그렇구나. 그런 거군요.

나 뭐가?

테트라 선배의 '질문' 말이에요.

- '구하려는 것은 무엇인가?'
- '주어진 것은 무엇인가?'

이제 제 자신이 얼마나 멍하게 있었는지 알겠어요. 문제를 대충 읽고는, 대강 대강 생각하고 그림도 적당히 그리고 있 었다는 게 파악이 되네요.

나 그래?

테트라 '구하려는 것은 무엇인가'와 '무엇이 주어져 있는가'를 스스로 질문하고 확실히 의식하면서 그림을 그려야겠어요.

나 응, 그렇지.

테트라 그럼 그림을 그려보겠습니다!

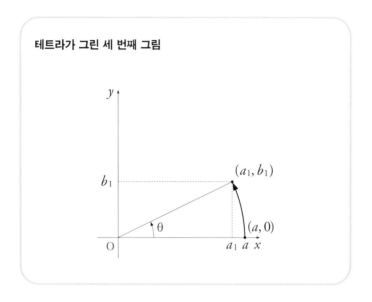

테트라가 그린 세 번째 그림

나 그럼 주어진 문제에 대해서 계속 생각해 보자.

테트라 네, 그래요.

• '구하려는 것은 무엇인가?' ⋯ 그것은 a_1과 b_1이다.

• '주어진 것은 무엇인가?' ⋯ 그것은 a와 θ이다.

나 자, 그럼 이제 다 된 건가?

테트라 어…, 그러니까….

나 곧 답을 구할 수 있을 거야. 그럼 다음 '질문'이야. '비슷한 것을 알고 있는가?'

테트라 비슷한 거요? 어, 아뇨, 모르겠어요.

나 자, 그럼 완전 큰 힌트를 주는 게 되겠지만, 이 그림을 한 번 살펴볼래?

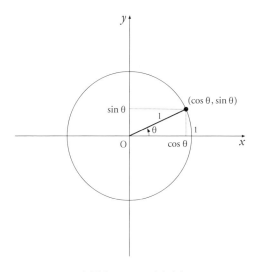

단위원과 cosθ, sinθ와의 관계

테트라 이건 sin을 정의했을 때의 그림이네요.

나 그래. 네가 지금 문제 1을 풀기 위해 그린 그림과 비슷하

지 않아? 특히, 이렇게 커다란 원을 그려서 나란히 비교해
보면….

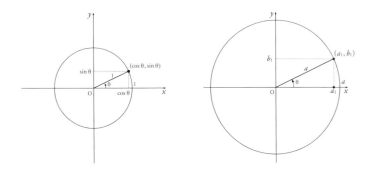

테트라 아아앗! 정말 꼭 닮았네욧! 왼쪽은 반지름이 1인 단위
원이고, 오른쪽은 반지름이 a인 원이니까, 혹시!

나 혹시?

테트라 혹시, a배하면 되는 건가요? x좌표도 y좌표도!

나 그래, 그렇게 하면 돼. 지금 네가 말한 것을 식으로 정리
할 수 있겠어?

테트라 양쪽을 a배하는 거니까… 이렇게 되겠죠?

$$\begin{cases} a_1 = a\cos\theta & \text{단위원 위의 점의 } x\text{좌표를 } a \text{배 했다.} \\ b_1 = a\sin\theta & \text{단위원 위의 점의 } y\text{좌표를 } a \text{배 했다.} \end{cases}$$

나 응, 정답!

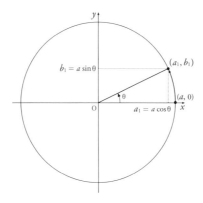

테트라 그렇군요! a배하면 되는 거였군요.

나 답이 잘 안 보일 때는 계속 잘 안 보이지.

테트라 맞아요.

나 네가 정리한 2개의 식을 좀 더 자세히 들여다볼래?

테트라 네?

$$\begin{cases} a_1 = a\cos\theta \\ b_1 = a\sin\theta \end{cases}$$

나 cos이나 sin에 신경 쓰지 말고 잘 들여다보면, a_1과 b_1을 a 와 θ를 이용해서 구한 것이라는 게 보일 거야.

테트라 아, 알겠어요! 구하려는 것, 즉 a_1과 b_1은 주어진 것으로 a와 θ를 이용해서 구한 거였어요!

나 그렇지.

테트라 저, 혹시나 하는 마음에 확인하는 건데요…. 저는 아까 $a\cos\theta$나 $a\sin\theta$라는 식으로 썼는데, 이걸로 괜찮은 건가요?

나 응. 괜찮은데, 왜?

테트라 저는 $a\cos\theta$를 a와 $\cos(\theta)$의 곱이라는 뜻으로 썼거든요.

나 응, 응. 맞게 쓴 거야.

$$\begin{cases} a\cos\theta = a \times \cos(\theta) \\ a\sin\theta = a \times \sin(\theta) \end{cases}$$

테트라 네, 이제 안심이에요.

나 그럼, 테트라. 이렇게 문제 1은 다 푼 거야.

문제 1의 해답: x축 위의 점 $(a, 0)$을 회전시키기

- 회전의 중심을 원점 $(0, 0)$으로 한다.

- 회전각을 θ로 한다.

- 회전시키기 전의 점을 $(a, 0)$으로 한다.

- 회전시킨 후의 점을 (a_1, b_1)로 한다.

이때, a_1과 b_1을 a와 θ를 사용하여 나타내면 다음과 같다.

$$\begin{cases} a_1 = a\cos\theta \\ b_1 = a\sin\theta \end{cases}$$

테트라 저, 지금 문제 1을 풀 때 거의 다 선배님께서 가르쳐 주셨는데요, 뭔가, 이상한 게 있어요.

나 뭐가 이상한데?

테트라 저 스스로 생각해 낸 듯한 기분이에요.

나 그래?

테트라 네, 그래요. 힌트도 많이 주셨는데 뭔가 제 머릿속에서 $\cos\theta$와 $\sin\theta$를 잘 그려낸 것만 같아요!

나 잘된 일이네!

3-10 y축 위의 점

나 그럼, 테트라. 이번엔 정말 혼자서 생각해 보지 않을래? 문제 2야.

테트라 네?

문제 2 : y축 위의 점 $(0, b)$를 회전시키기

- 회전의 중심을 원점 $(0, 0)$으로 한다.
- 회전각을 θ로 한다.
- 회전시키기 전의 점을 $(0, b)$로 한다.
- 회전시킨 후의 점을 (a_2, b_2)로 한다.

이때, a_2와 b_2를 a와 θ를 사용하여 나타내어라.

나 이걸 풀 수 있으려나?

테트라 이, 이걸, 저, 저더러 풀라고요?

나 응, 장담할 수 있어. 이건 네가 확실히 풀 수 있을 거야. 지금의 너라면 반드시 풀 수 있어.

미르카 뭘 장담할 수 있다는 거지?

테트라 아, 미르카 선배님!

미르카 흠⋯. 회전에 대한 설명이구나.

다재다능한 미르카가 어느새 우리 옆에 와 있었다. 그녀는 그림을 한 번 보고는 무엇을 하고 있는지 알아본 것 같다.

테트라 그것뿐만 아니라 선배님께서 아주 좋은 '질문'을 해 주셨어요.

- '구하려는 것은 무엇인가?'
- '주어진 것은 무엇인가?'
- '비슷한 것을 알고 있는가?'

미르카 폴리아 얘기로구나.

테트라 네?

나 맞아. 역시 미르카는 알고 있었구나.

테트라 폴리아라뇨?

미르카 수학자야. 폴리아의 《어떻게 문제를 풀 것인가?》는 베스트셀러이자 스테디셀러인 명작이야. 수학을 익히는 법, 문제를 푸는 법에 대해 우리에게 많은 것을 시사해 주지.

나 아까 내가 알려 준 '질문'은 《어떻게 문제를 풀 것인가?》에 나오는 표현을 바탕으로 이야기한 거야.

테트라 그렇구나…. 폴리아 씨.

나 문제 2를 계속 풀어보자.

테트라 아, 깜빡하고 있었네요!

꽤나 시간이 걸렸지만 테트라는 이런 그림을 그려서 문제 2 를 풀었다.

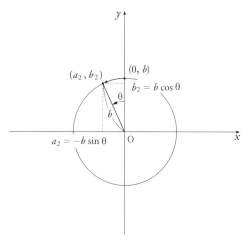

y축 위의 점 $(0, b)$를 회전시킨다.

테트라 선배님! '구하려는 것은 무엇인가'와 '주어진 것은 무
엇인가'라는 질문은 굉장하네요! 이게 제가 구한 답이에요.

문제 2의 해답: y축 위의 점 $(0, b)$를 회전시키기

- 회전의 중심을 원점 $(0, 0)$으로 한다.
- 회전각을 θ로 한다.
- 회전시키기 전의 점을 $(0, b)$로 한다.
- 회전시킨 후의 점을 (a_2, b_2)로 한다.

이때, a_2와 b_2를 a와 θ를 사용하여 나타내면 다음과 같다.

$$\begin{cases} a_2 = -b\sin\theta \\ b_2 = b\cos\theta \end{cases}$$

"나" sin과 cos을 혼동하지 않았다니 굉장한데! 아까 함께 풀어
본 문제 1과 비교해 보면 재미있을 거야.

문제 1의 해답	문제 2의 해답
$\begin{cases} a_1 = a\cos\theta \\ b_1 = a\sin\theta \end{cases}$	$\begin{cases} a_2 = -b\sin\theta \\ b_2 = b\cos\theta \end{cases}$

테트라 네, 이미 눈치채고 있었어요. sin과 cos이 반대로 되고,
한 쪽에는 마이너스가 붙어요. 있죠, 고개를 $90°$만큼 왼쪽
으로 기울인 채 그림을 보면 안 틀려요!

테트라는 고개를 기울였다.

"나" 글쎄, 일반적으로는 그림을 $90°$만큼 오른쪽으로 돌려서

본다고 생각해….

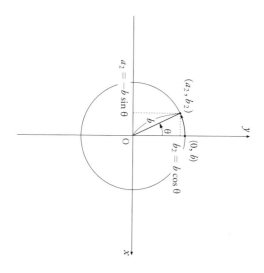

'y축 위의 점 $(0, b)$를 회전시키는 그림'을 오른쪽으로 $90°$만큼 돌렸다

테트라 어, 어쨌든 말이죠, 그렇게 해서 풀었어요.

미르카 흐음….

나 있지, 테트라. 점 $(a, 0)$을 회전시킨 것이 점 (a_1, b_1)이고, 점 $(0, b)$를 회전시킨 것이 점 (a_2, b_2)잖아.

테트라 네.

나 이렇게 해서 너는 점의 회전에 관한 문제 2개를 푼 거네.

테트라 네, 일단은 그렇죠….

나 그럼 여기서 질문. '결과를 응용할 수 없을까'.

미르카 폴리아.

테트라 '응용할 수 없을까'라니요? 다른 문제를 또 푼다는 건가요?

나 그래, 그래.

테트라 다른 문제라고 하셔도.

나 '우리가 풀 문제'로 다시 돌아가 보면 어떨까? 즉, 축 위에 있는 점이 아니라 일반화한 점을 회전시켜 보는 거야.

우리가 풀 문제: 점 (a, b)를 회전시키기

- 회전의 중심을 원점 $(0, 0)$으로 한다.
- 회전각을 θ로 한다.
- 회전시키기 전의 점을 (a, b)로 한다.
- 회전시킨 후의 점을 (a', b')으로 한다.

이때, a'와 b'을 a, b, θ를 사용하여 나타내어라.

테트라 어, 어어, 그러니까….

미르카 폴리아라면 '그림을 그려라'에 해당하겠지.

나 그렇겠지.

테트라 네… 그려볼게요.

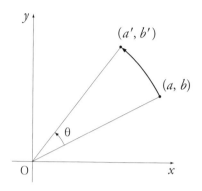

점 (a, b)를 각 θ만큼 회전시키면 점 (a', b')가 된다.

미르카 거기에 숨어 있는 직사각형의 회전이 보이려나.

테트라 엇…. 직사각형의 회전이라고요?

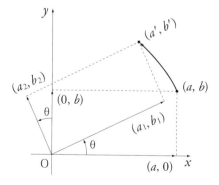

직사각형의 회전을 알아본다.

나 남은 건 벡터의 덧셈이네.

테트라 벡터의 덧셈이요?

미르카 화살표로 나타낸다면 평행사변형. 지금과 같은 경우엔
직사각형의 대각선. 좌표로 나타내면 성분의 합.

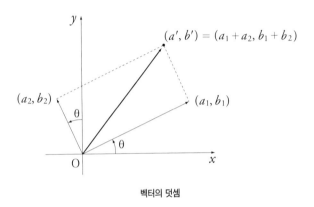

벡터의 덧셈

테트라 어, 저기….

미르카 테트라는 이미 (a_1, b_1)과 (a_2, b_2)는 구했지.

나 그렇지.

테트라 네, 그렇지만….

나 응, 그러니까 '우리가 풀 문제'의 답은 이렇게 정리할 수
있어.

우리가 풀 문제의 답: 점 (a, b)를 회전시키기

- 회전의 중심을 원점 $(0, 0)$으로 한다.

- 회전각을 θ로 한다.

- 회전시키기 전의 점을 (a, b)로 한다.

- 회전시킨 후의 점을 (a', b')으로 한다.

이때, a'와 b'을 a, b, θ를 사용하여 나타내면 다음과 같다.

$$\begin{cases} a' = a_1 + a_2 = a\cos\theta - b\sin\theta \\ b' = b_1 + b_2 = a\sin\theta + b\cos\theta \end{cases}$$

테트라 저, 저는 문자가 많아지면….

나 그렇게 조급해하지 않아도 돼. 테트라는 이미 문제 1과 문제 2도 풀었으니까, 복잡한 수식의 각 부분이 어디로부터 나온 건지 알고 있지. (a', b')은 (a_1, b_1)과 (a_2, b_2)로 만들어진 거야.

$$\begin{cases} a' = \overbrace{a\cos\theta}^{a_1} - \overbrace{b\sin\theta}^{a_2} \\ b' = \underbrace{a\sin\theta}_{b_1} + \underbrace{b\cos\theta}_{b_2} \end{cases}$$

테트라는 수식과 그림을 몇 번이나 진지하게 비교했다.

미르카 다음은 회전 행렬 이야기를 해보자.

나 응, 그러면 되겠다! 점의 회전에 대해 생각한 것만으로 좌표평면과 벡터, 삼각함수, 행렬 등 많은 것이 연결되지.

미르카 거기에 복소수도.

테트라 저, 저기요! 선배님들…. 왜 이야기를 그렇게 진행하시는 거죠?

갑자기 테트라가 다급해진 목소리로 말했다.

나 왜 그래, 테트라.

테트라 저, 저기 말이죠. 선배님들은 마치 전부 아시는 것 같은데요…. 하지만 저는 말씀하신 대부분을 몰라요. 좌표 이야기도, 벡터 이야기도, 회전에 대해서도, 폴리아 씨의 리스트에 관한 이야기도 말이에요. 그리고 그, 행렬이라는 것도요. 뭐랄까, 여러 가지 것을 선배님들은 이미 아시는 거죠. 미르카 선배님께서 말씀하시는 것은 선배님도 아시고. 선배님께서 말씀하시는 것은 미르카 선배님도 아시고. 하지만 저는 전혀 아무것도 모르겠어요. 저는… 저는….

나 ….

미르카 뭐, 오래 알고 지낸 사이니까.

테트라 하지만 저는….

나 오래 알고 지냈다고 해도 고등학교에 입학하고 나서부터 니까 일 년이 조금 넘은 정도지.

미르카 뭐가?

미르카가 의아하다는 표정으로 내 얼굴을 쳐다봤다.

나 오래 알고 지낸 사이라고 해도 내가 미르카를 만난 지는 이제 일 년 조금 넘었을 뿐….

미르카 내가 말하는 건 '나와 수학이 알고 지낸 것'에 대한 이 야긴데.

나 응?

미즈타니 선생님 하교 시간이에요.

사서인 미즈타니 선생님은 정해진 시간이 되면 하교 시간이 되었음을 알려주신다.

오늘의 수학 토크는 여기서 일단 마무리.

우리들의 세계는 이제부터 신기한 회전을 보여줄까?

가끔 풍파를 일으키겠지만.

참고문헌: 조지 폴리아,《어떻게 문제를 풀 것인가?(How to solve it : A new aspect of mathematical method)》(2005, 교우사)

"재료를 모으는 것과 세계를 만드는 것의 차이는 무엇인가?"

제3장의 문제

●●● **문제 3-1 (점의 회전)**

- 회전의 중심을 원점 $(0, 0)$으로 한다.

- 회전각을 θ로 한다.

- 회전시키기 전의 점을 $(1, 0)$으로 한다.

이때, 회전시킨 후의 점 (x, y)를 구하시오.

(해답은 330쪽에)

●●● **문제 3-2 (점의 회전)**

- 회전의 중심을 원점 $(0, 0)$으로 한다.

- 회전각을 θ로 한다.

- 회전시키기 전의 점을 $(0, 1)$로 한다.

이때, 회전시킨 후의 점 (x, y)를 구하시오.

(해답은 331쪽에)

● 회전의 중심을 원점 $(0, 0)$으로 한다.

● 회전각을 θ로 한다.

● 회전시키기 전의 점을 $(1, 1)$로 한다.

이때, 회전시킨 후의 점 (x, y)를 구하시오.

(해답은 331쪽에)

● ● ● 문제 3-4 (점의 회전)

● 회전의 중심을 원점 $(0, 0)$으로 한다.

● 회전각을 θ로 한다.

● 회전시키기 전의 점을 (a, b)로 한다.

이때, 회전시킨 후의 점 (x, y)를 구하시오.

(해답은 332쪽에)

제4장

원주율을 세어보자

"'세계 최초'에는 큰 의미가 있다."

유리 아, 지루해. 오빠야! 뭔가 재밌는 거 없어?

나 남의 방에 와서 '지루해'라니, 너무하네. 너야 말로 뭔가 재
밌는 거 없어?

유리 응?

나 있잖아, 이상한 기계나 게임 같은 거, 잘 갖고 오잖아.

유리 아…. 그런 거 없다냐옹.

나 그럼 주위에 있는 책이라도 읽던지.

유리 이런, 이런. 아리따운 소녀에게 그런 취급은 있을 수 없
지!

나 그런 거야?

유리 뭐 없어? 응 없어? (쾅쾅)

나 아리따운 소녀가 책상을 내리쳐서야 되겠어. 그렇다면….
자, 원주율을 세어보는 것에 대한 이야기는 어때?

유리 그거 재밌겠다!

나 유리는 원주율이 뭐라고 알고 있어?

유리 오빠야는 신호등이 뭔지 알아?

나 신호등? 알지. 그런 거 왜 물어 보는데?

유리 원주율? 알지. 그런 거 왜 물어 보는데?

나 아, 그런 뜻으로 한 말이야? 있지, 수학을 할 때는 항상 정의를 확인하는 게 중요해. 어떤 뜻인지도 모르면서 용어를 사용하는 건 의미가 없잖아?

유리 뭐 어쨌든, 원주율은 3.14잖아, 그치?

나 그렇긴 하지만, 틀렸어.

유리 아, 계속되는 거였지. 3.14 웅얼 웅얼….

나 그렇긴 하지만, 틀렸어.

유리 틀렸어?

나 원주율이 3.14 이후에도 계속되는 건 맞아. 3.141592653 589793…으로 계속되지. 하지만 그건 원주율의 정의가 아냐.

유리 정의가 아니라고?

나 그래. 정의라고 하려면 '이런 수를 원주율이라고 한다'거나

'원주율이란 이런 수다'라고 말해야지.

유리 그럼 '3.14…를 원주율이라 한다'고 하면 되는 거야?

나 그럼 원주율이 뭔지 알 수가 없잖아? 그래서 물어본 거야. '유리는 원주율이 뭔지 알고 있어?'라고.

유리 으음….

나 예를 들면, 이렇게 하면 되겠지. '원주 ÷ 지름을 원주율이라고 한다.'

유리 원주 ÷ 지름? 그렇구나.

나 응. 원주 ÷ 지름이 원주율이야. 뭐, 정말 이것이 하나의 수를 제대로 정의하고 있는지, 어떤 원에서라도 원주 ÷ 지름은 일정한 값이 되는지 확인해 보지 않으면 안 되지만 말이야.

원주율의 정의

원주(원둘레) ÷ 지름을 원주율이라고 한다.

유리 있지, 오빠야. 그치만 원주율이 3.14…라는 건 맞는 거지?

나 응, 맞아. 원주율은 그런 값이야.

유리 지름이라는 건 반지름의 2배지?

190

나 그래. 그러니까 원주와 반지름을 사용해서 원주율을 정의
해도 괜찮아.

원주율의 정의

어떤 원의 원주의 길이는 ℓ로, 반지름을 r이라고 할 때,

$$\frac{\ell}{2r}$$

을 원주율로 정의한다.

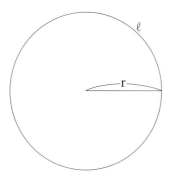

유리 흠흠.

나 그리고 원주율을 π(파이)로 쓰는 건 알고 있지?

유리 응, 알고 있어. 원주는 2πr이잖아.

나 그래. 그건 반지름을 이용해서 원주를 구하는 방법이야.

반지름을 이용해서 원주 구하기

어떤 원의 반지름을 r이라고 할 때, 그 원주의 길이 ℓ은

$$\ell = 2\pi r$$

로 구할 수 있다. 단, π는 원주율이다.

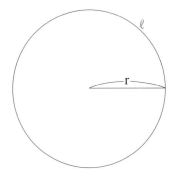

유리 응, 알지.

나 그럼 반지름과 원주율을 사용하면 원의 넓이를 구할 수 있다는 것도 알고 있겠네?

유리 그럼, 알고 있지. 원의 넓이 말이지? '반지름×반지름×3.14'고, πr^2이잖아?

나 그래, 그래.

반지름을 이용해서 원의 넓이 구하기

원의 반지름을 r이라고 할 때, 원의 넓이 S는

$$S = \pi r^2$$

으로 구할 수 있다.

단, π는 원주율이다.

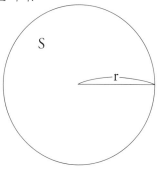

유리 그런데 아까 '원주율을 센다'는 건 무슨 말이야?

나 응. 원의 넓이 공식을 한 번 더 잘 들여다보자.

$$S = \pi r^2$$

유리 봤어.

나 이 공식이 있으니까 반지름을 이용해서 넓이를 계산할 수
있지.

유리 응.

나 그럼, 이 공식을 이렇게 변형해 볼게.

$S = \pi r^2$ 원의 넓이 S를 반지름 r을 이용해서 구하는 공식

$\pi r^2 = S$ 좌변과 우변을 바꾼다.

$\pi = \dfrac{S}{r^2}$ 양변을 r^2으로 나눈다.

유리 그래서?

나 이제 이런 식을 얻었어.

$$\pi = \frac{S}{r^2}$$

유리 응.

나 이 식에서 S는 원의 넓이. r은 원의 반지름이지.

유리 응, 그렇지.

나 그러니까 원의 넓이와 반지름을 알면 $\pi = \dfrac{S}{r^2}$ 를 이용해서 원주율을 구할 수 있지!

유리 아! 굉장하긴 한데, 무슨 말인지 모르겠어.

나 이런. 재미있지 않아? 원의 넓이와 반지름을 정확히 구하면 자기 손으로 원주율을 계산할 수 있는 거야.

유리 그거, 그렇게 재미있는 건가냐옹…. 별로 그다지….

나 정말 재미있을 거야. 수학 잡지 같은 데에 자주 나오는 이야기인데. '그대도 원주율을 구해보지 않겠는가!'라는 식의 제목을 달고 말이지. 유리 너도 원주율을 구해보지 않을래?

유리 그래서, 오빠야는 어땠는데?

나 어땠냐니?

유리 오빠야도 원주율을 구해본 거지? 해보고는 3.14어쩌구라는 게 나왔어?

나 어?

유리 어?

나 ….

유리 혹시 오빠야, 해본 적 없는 거 아냐?

나 그러고 보니 해본 적 없네.

유리 말도 안 돼! 해본 적도 없으면서 남한테 시키는 거야? 어이없다!

나 알았어, 알겠다고. 유리야 함께 원주율을 구해보자.

유리 좋은 자세여, 총각.

나 말투가 이상하다, 너…. 좀 전까지 아리따운 소녀 아니었니?

4-4 원주율을 구하는 방법

유리 그럼 이제 어떻게 해?

나 이런 순서로 원주율의 대략적인 값을 구하는 거야.

유리 흐음. 그럼 얼른 해보자!

나 잠깐만. 설명부터 해줄게.

유리 귀찮으니까 빨리 하자.

나 제대로 이해하고 하지 않으면 의미 없어.

유리 아, 그래….

나 '순서1. 컴퍼스로 모눈종이에 반지름 r인 원을 그린다'는
　문제없지? 원을 그리기만 하면 돼.

유리 하지만 반지름 r이라니, 길이를 얼마로 하면 돼?

나 음….

유리 해 본 적도 없는 사람한테 물어본 내가 잘못이지.

나 음, 그럼 10 정도로 해볼까? r = 10이지. 모눈종이의 눈 10
　개 분량을 반지름으로 하는 거야.

유리 흠, 흠.

나 다음은 '순서2. 원의 안쪽에 있는 모눈종이의 눈을 센다. 이 눈의 수를 n이라 한다.' 차례네. 원의 안쪽이니까 이렇게 숫자를 센 n은 원의 넓이 S보다 작은 수가 될 거야.

유리 그 단계부터가 애매모호한 느낌이냐옹….

나 그렇긴 하네. 그리고 마지막이 '순서3. 반지름 r과 눈의 수 n을 이용하여 $\frac{n}{r^2}$ 을 계산한다.'야. 이게 원주율에 가까운 값이 돼.

유리 왜였지?

나 이런. 원의 넓이를 S라고 하면 $S = \pi r^2$이었지. 이 공식을 통해서 $\pi = \frac{S}{r^2}$ 를 얻었지.

유리 흠흠.

나 원주율의 진짜 값은 면적 S와 반지름 r을 정확히 알면, $\frac{S}{r^2}$ 로 구할 수 있어. 하지만 지금 하려는 건, 원의 넓이 S 대신 모눈종이의 눈의 수 n을 사용하는 거야. $\frac{S}{r^2}$ 대신 $\frac{n}{r^2}$ 을 사용해. 정확한 S 대신 S에 가까운 n을 사용하는 거니까, 정확한 원주율은 계산할 수 없지만 원주율에 가까운 값, 즉 원주율의 근사치를 얻을 수 있다고 기대할 수 있지.

유리 그렇군. 그럼 얼른 해보자!

나는 컴퍼스로 원을 그렸다.

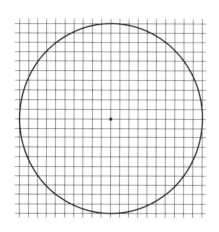

나 순서1은, 뭐, 이런 느낌으로 그리면 되겠지.

유리 반지름은 10이야?

나 응, 그래. 반지름은 10이고, 지름은 20인 상태야. 다음은 순서2야.

유리 원 안에 눈의 개수를 세는 거지?

나 응. 그게 n이고, 넓이 대신 사용하는 수가 돼.

유리 그렇구나. 1, 2, 3….

나 안 돼, 안 돼. 셀 때는 뭔가 표시를 해야지.

유리 안 틀려, 괜찮다니까.

나 유리야. 할 거면 제대로 하자.

유리 쳇…. 있지, 가장자리에 있는 건 어떻게 하면 돼?

나 어떻게 하면 되냐고?

유리 그니까, 원이 눈의 가운데를 통과하는 경우가 있잖아? 이런 건 어떻게 세면 돼?

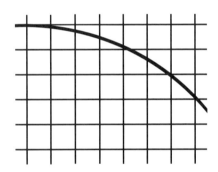

나 응, 제대로 정해 놓고 해야겠지. 그럼 이렇게 하자. 선이 통과하지 않는 눈만 내부에 있는 걸로 하자. 그러니까… 이런 식이 되겠지. 이 연한 회색 눈이 내부에 속하는 거야. 짙은 회색은 원주.

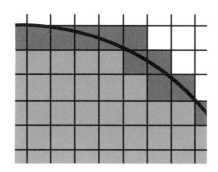

유리 그렇군. 그런데, 잘 생각해 보면 눈이 많아서 세는 거 힘
들어… 앗!

나 왜 그래?

유리 좋은 생각이 났어! 전부 다 세지 않아도 돼! 오른쪽 절반
만 세고 두 배하면 되잖아!

나 오오, 좋은 생각이다, 유리야!

유리 엣헴.

나 그럼 오른쪽 위의 4분의 1만 세고 네 배해도 되겠네.

유리 앗, 그렇구나! 그럼 세는 건 쉽지…. 다 했다!

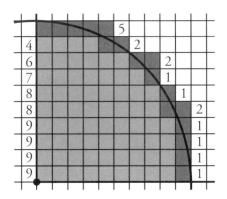

나 좋아. 이 숫자는 그 칸을 기준으로 가로로 늘어선 눈의 개수를 센 거네.

유리 그래 맞아.

나 짙은 회색이 원주고, 옅은 회색이 안쪽.

유리 응. 4분의 1로 되는 거지?

나 응. 그럼 옅은 회색의 눈의 개수를 모두 더해 볼까.

유리 4랑, 6이랑, 7이랑, 8이 2개, 9가 4개니까….

$$4 + 6 + 7 + 8 \times 2 + 9 \times 4 = 69$$

나 69네. 원의 4분의 1이 69개니까 이걸 네 배하면 원의 안쪽에 있는 눈의 개수 n이 나오겠네.

$$n = \text{'옅은 회색의 개수'} \times 4$$

$$= 69 \times 4$$

$$= 276 \quad \text{반지름이 10인 원의 안쪽에 있는 눈의 개수}$$

유리 이걸로 원주율을 계산할 수 있어?

나 S 대신 n을 쓰니까, $\dfrac{S}{r^2}$ 대신 $\dfrac{n}{r^2}$ 을 구하는 거야. 이게 '원주율보다 작은 수'가 될 거야.

$$\text{'원주율보다 작은 수'} = \frac{n}{r^2}$$

$$= \frac{276}{r^2} \quad n = 276\text{이고}$$

$$= \frac{276}{10^2} \quad r = 10\text{이니까}$$

$$= \frac{276}{100}$$

$$= 2.76$$

유리 어? 원주율인데 2.76? 3.14는커녕 3도 안 되잖아!

나 응. 하지만 말이야, 2.76은 원주율보다 작긴 하잖아.

유리 생각하는 방식이 심하게 긍정적이구냐옹.

나 아까 유리는 원주에 걸친 눈도 세었잖아.

유리 응.

나 그것도 합쳐보자. 연한 회색과 짙은 회색 모두를 세면, 이 번엔 '원주율보다 큰 수'를 계산할 수 있을 거야.

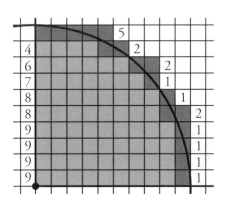

유리 그렇구나! 어디 보자. 짙은 회색은 5랑, 2랑, 2랑, 1이 2 개, 2랑, 1이 4개.

$$5 + 2 + 2 + 1 \times 2 + 2 + 1 \times 4 = 17$$

나 4분원에서 17개니까, 17을 네 배하면 되겠네. '원주율보 다 큰 수'는….

$$\text{'원주율보다 큰 수'} = \frac{n + \text{짙은 회색의 개수} \times 4}{r^2}$$

$$= \frac{n + 17 \times 4}{r^2}$$

$$= \frac{276 + 17 \times 4}{r^2}$$

$$= \frac{276 + 68}{r^2}$$

$$= \frac{344}{r^2}$$

$$= \frac{344}{10^2}$$

$$= \frac{344}{100}$$

$$= 3.44$$

유리 3.44야! 이번엔 너무 커!

나 응, 그래. 여기에서 지금까지의 내용을 일단 정리해 보자. 눈을 세어 보고 이런 걸 알 수 있었어.

반지름 10인 원을 사용해서 구한 원주율의 범위

$$2.76 < \pi < 3.44$$

원주율은 2.76보다 크고 3.44보다 작다.

유리 어, 그러니까….

나 원주율이 3.14…인지 아닌지는 아직 몰라. 하지만 원주율
이 2.76보다 크고 3.44보다 작다는 건 알게 됐지.

유리 으응….

나 연한 회색으로 구한 '원주율보다 작은 수'와 연한 회색과
짙은 회색으로 구한 '원주율보다 큰 수' 사이에 진짜 원주
율이 포함되어 있어.

유리 그건 알겠는데…. 범위가 너무 넓어.

나 그렇긴 하지.

유리 에이, 재미없네! 더 정확하게 구할 순 없어? 왜 이렇게
범위가 넓어?

나 유리는 왜 그렇다고 생각해?

유리 그거야 이건 엉성하니까.

나 엉성하다고?

유리 봐, 아까 우리가 센 눈들은 엉성한데다 둥글지도 않아.

나 그러네. 원이 아니야.

유리 더 둥글게 하면 돼! 더욱 눈을 촘촘하게 하면 돼!

나 그렇겠다. r을 크게 해서 눈을 더욱 촘촘하게 그리자.

유리 r = 100으로 하자!

나 아냐, 그건 좀 너무 큰 것 같아. 우선 r = 50으로 해보자.

유리 알겠어!

나 다 그렸어?

유리 r = 50으로 해서 그렸는데, 너무 촘촘해! 어떡하지?

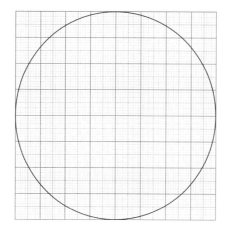

나 이번엔 8분원으로 세면 될 것 같은데…, 힘들겠네.

유리 어쩔 수 없지. 내가 세지 뭐.

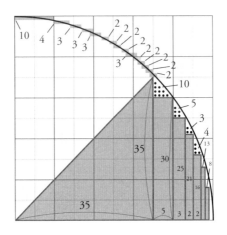

나 다 됐어?

유리 다 됐어, 다 됐어! 그니까….

나 쓸 테니까 차근차근 순서대로 불러 줘. 원주의 8분의 1부
터.

유리 알겠어. 10이랑, 4랑, 3이 4개에, 2가 9개야.

‘원주의 8분의 1’ = 10 + 4 + 3 × 4 + 2 × 9 = 44

나 합은 44니까, 원주 전체면 44 × 8 = 352.

유리 원의 안쪽에 있는 눈은 머리를 써서 셌어. 잘 봐.

나 그러네. 삼각형과 직사각형을 짜 맞췄구나, 유리야.

유리 맞아, 맞아. 35와 35인 삼각형…, 직각 이등변 삼각형이
랑 나머지는 직사각형으로 5 × 30이랑, 3 × 25랑, 2 × 21이
랑, 2 × 16이랑, 1 × 13이랑, 1 × 8이잖아. 그 외에 오른쪽 위
의 빈틈에 남은 10과 5와 3과 4.

$$\text{삼각형} = \frac{35 \times 35}{2} = 612.5$$

$$\text{직사각형} = 5 \times 30 + 3 \times 25 + 2 \times 21 + 2 \times 16 + 1 \times 13 + 1 \times 8$$

$$= 150 + 75 + 42 + 32 + 13 + 8$$

$$= 320$$

$$\text{빈틈} = 10 + 5 + 3 + 4$$

$$= 22$$

$$\text{합계} = 612.5 + 320 + 22$$

$$= 954.5$$

나 8분원에서 945.5니까, 이걸 8배하면 954.5 × 8 = 7636.

유리 7636이 안쪽에 있어. 그럼 이걸로 계산할 수 있지?

나 응, 되지. 반지름 r = 50이고, 안쪽의 눈이 7636이면, 원주
까지 포함시킨 눈이 7636 + 352 = 7988이네.

유리 r²은 50 × 50으로 2500이네.

$$\text{원주율보다 작은 수} = \frac{7636}{2500}$$
$$= 3.0544$$

$$\text{원주율보다 큰 수} = \frac{7636 + 352}{2500}$$
$$= \frac{7988}{2500}$$
$$= 3.1952$$

나 그럼, 결국.

반지름 50인 원을 사용해서 구한 원주율의 범위

$$3.0544 < \pi < 3.1952$$

원주율은 3.0544보다 크고 3.1952보다 작다.

유리 ….

나 ….

유리 있지, 오빠야?

나 왜, 유리야?

유리 그저 그런 결과네!

나 그다지 정확하게는 되지 않네.

유리 그렇게나 열심히 했는데, 3.14까지 가려면 아직도 멀었냐옹!

나 하지만 아까보다는 좁아졌어, 유리야!

유리 좁아졌다니?

나 진짜 원주율이 존재하는 범위 말이야. 좁아졌어.

$$3.44 - 2.76 = 0.68 \qquad r = 10으로\ 얻은\ 범위$$
$$3.1952 - 3.0544 = 0.1408 \qquad r = 50으로\ 얻은\ 범위$$

유리 아, 정말 그렇네! 0.68이 0.1408이 됐어.

나 좌우협공으로 원주율을 더욱 가운데로 몰아붙인 것 같은 느낌이네.

유리 그럴 리가. 아직 몰아붙인 게 아니잖아. 더 제대로 해 볼래!

나 그럼 어떻게 할까?

유리 뭘?

나 '원주율은 3.0544보다 크고 3.1952보다 작은 수'로 그냥
끝낼까?

유리 싫어.

나 그래?

유리 진 것 같은 느낌이 들어서 싫어. 적어도 3.14까지는 가
보고 싶어.

나 r을 더 키워볼까?

유리 음, 더 편한 방법 없어? 응 오빠야. (흔들흔들)

나 아리따운 소녀가 책상을 흔들면 안 되지.

유리 빨리 생각해 보자!

나 어쩌지….

유리 이대로라면 용서치 않겠소.

나 말투가 더 이상해졌잖아.

나 알았어. 그럼 모눈종이의 눈의 수를 세서 구하는 건 이제 그만두자. 그 대신 아르키메데스가 사용한 방법을 쓰자.

유리 아르키메데스?

나 아르키메데스가 사용한 방법에서는 원에 내접하는 정n각 형과 외접하는 정n각형을 사용해. 이 그림은 $n = 6$일 때의 그림이야. 원이 1개, 정육각형이 2개 있는 게 보이지?

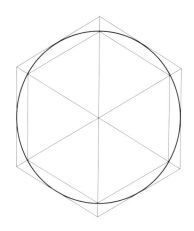

유리 응. 정육각형이 2개 있는데 원에 붙어 있네.

나 이제부터 우리는 계산을 통해 원주율에 가까운 수를 구하

려고 해. ~~위 수요이 포함되어 있는 범위~~를 구하는 거야. 아
르키메데스가 사용한 방법으로는 이런 부등식을 사용해.

내접하는 정n각형의 둘레의 길이 $<$ 원주 $<$ 외접하는 정n각형의 둘레의 길이

유리 그렇군. 안쪽의 육각형과 바깥쪽의 육각형 사이에 원이 있다는 거야?

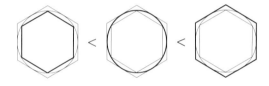

나 그래…. 그렇다면, 계산하기 쉽도록 2배를 할까? '내접하는 정n각형의 둘레의 길이'를 $2L_n$으로 놓고, '외접하는 정n각형의 둘레의 길이'를 $2M_n$으로 두고, $n = 6$일 때 이런 식이 성립하지.

$$2L_6 < 2\pi < 2M_6$$

유리 왜 이렇게 돼?

나 $2L_6$은 '내접하는 정육각형의 둘레의 길이'고, $2M_6$은 '외접하는 정육각형의 둘레의 길이', 가운데 2π는 반지름이 1인 원의 원주야. $2\pi r$이고 $r = 1$이니까 2π.

유리 그렇구나.

나 2로 나누면 이런 식이 생겨. 원주율을 포함한 식이야.

$$L_6 < \pi < M_6$$

유리 그래서?

나 지금은 정육각형으로 생각했잖아. 아르키메데스는 다음에 이것을 정십이각형으로 확장했어.

유리 정육각형에서 정십이각형이면… 아, 두 배네?

나 맞아. 정십이각형은 정육각형과 원의 사이에 들어가니까 이런 식을 세울 수 있어.

$$L_6 < \underline{L_{12}} < \pi < \underline{M_{12}} < M_6$$

유리 아.

나 알겠어?

유리 대충.

나 L_6과 M_6 사이였던 것이, L_{12}와 M_{12} 사이에 있다는 것을 알게 되었지. 정육각형보다 정십이각형이 원에 가까우니까.

유리 범위가 좁아지는구나!

나 이것을 반복하면 좌우협공할 수 있어.

유리 좌우협공?

나 응. 원주율을 좌우협공해서 범위를 좁혀가는 거야.

유리 결국 원주율은 3 정도라는 것에서 끝나는 게 아니야?

나 이 방법에 대해 신뢰가 안 생기는구나. 아르키메데스는 소수점 이하 둘째 자리까지, 즉 3.14까지 정확하게 구했다고.

유리 정말? 그럼 해봐! 빨리 빨리!

4-9 정구십육각형을 만든 이유

나 아르키메데스는 정구십육각형을 만들었어.

유리 정구십육각형이라니, 거의 원이잖아, 그거.

나 원에 가까우니까 원주율에 가까운 값을 구할 수 있는 거야.

유리 하지만 정구십육각형같이 이도 저도 아닌 수가 아니라 정백각형으로 하면 좋았을 것을.

나 96에는 의미가 있어. 정육각형에서 시작해서

$$6 \rightarrow 12 \rightarrow 24 \rightarrow 48 \rightarrow 96$$

유리 아, 그렇구나. 두 배.

나 그래. 정다각형의 변의 수를 두 배씩 점점 늘려가는 거야.

유리 그래서 정구십육각형을 만든 거네.

나 응, 하지만 실제로 정구십육각형을 그렸다는 건 아니야. 그게 아니라, 정n각형에서 정2n각형을 만들어 내는 방법 을 사용한 거야.

유리 무슨 말인지 잘 모르겠어.

나 예를 들어 이렇게 된다는 거야. 이건 '내접하는 정육각형' 에서 '내접하는 정십이각형'을 만들고 있는 거야. 정십이 각형, 보이지?

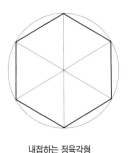
내접하는 정육각형

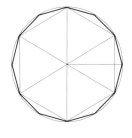
내접하는 정십이각형

유리 응, 보이긴 하는데….

나 6에서 12로 만들어서 범위를 좁혔지. 그것을 반복하는 거
  야.

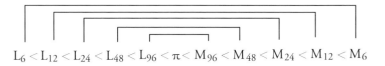

$$L_6 < L_{12} < L_{24} < L_{48} < L_{96} < \pi < M_{96} < M_{48} < M_{24} < M_{12} < M_6$$

유리 ….

나 아르키메데스는 정n각형의 n을 늘려나갔어. L_{96}과 M_{96}이
  진짜 π에 가까워질 거라고 기대하면서 'L_n과 M_n을 계산'
  해 나간 거야.

유리 6부터 96까지? 그거 너무 힘들잖아!

나 1씩 늘려나가면 확실히 계산하기가 너무 힘들겠지. 그러니
  까 두 배 해나가는 거야. 그렇게 하기 위해서 '면의 개수를 2
  배로 늘렸을 때, 면의 길이를 계산하는 방법'을 생각해 내
  면 돼.

유리 호오. 그런데 그런 걸 어떻게 해?

나 아까 그림대로라면 세세한 부분은 알아보기 어려우니까,
  확대해서 그려보자.

유리 응! 진짜 3.14가 나오긴 하는 거지?

나 내접하는 정n각형과 외접하는 정n각형의 한 변을 확대
해 볼게.

유리 응.

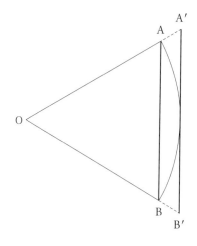

나 이 그림에서 O는 단위원의 중심, 선분 AB는 내접하는 정
n각형의 한 변이야. 그리고 선분 A′B′은 외접하는 정n각형
의 한 변이 돼.

유리 아, 그렇구나. 알겠다. 이게 그거지. 자른 피자 조각이다!

나 아, 그러네. 파이가 아니라 피자로구나.

유리 뭐 어찌됐든 간에, 그 다음 이야기로 빨리 넘어가.

나 이제부터 생각해 보려는 것은 '내접하는 정n각형의 한 변의 길이'와 '외접하는 정n각형의 한 변의 길이'의 관계야.

유리 왜 그걸 알아야 하지?

나 정n각형의 둘레의 길이는 한 변의 길이만 알면 구할 수 있어. 한 변의 길이를 n배하면 되니까.

유리 그렇군. 당연한 거네.

나 우리는 지금 한 변의 길이를 구하려고 하니까, 이렇게 몇 개의 선을 그어서 이름을 붙여보자.

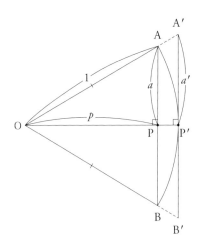

유리 순식간에 복잡해졌구냐옹….

나 그렇게 복잡한 건 아냐. 이 그림에 나오는 문자를 하나 하나 설명할게.

- 점 P′은 선분 A′B′과 원의 접점.
- 점 P는 선분 AB와 OP′과의 교점. 선분 AB와 선분 OP′은 수직으로 교차한다.

유리 흠, 흠. 그런데 말이야, 왜 그런 P랑 P′을 생각해야 하는 거야?

나 응? 길이를 구하기 위해 삼각형을 사용하려고.

유리 흐음.

나 다음엔 선분의 길이에 이름을 붙였어.

- 선분 OA는 이름을 특별히 붙이지 않지만, 단위원의 반지름이니까 길이는 1이다.
- 선분 OP의 길이에는 p라고 이름을 붙였다.
- 선분 AP의 길이에는 a라고 이름을 붙였다.
- 선분 A′P′의 길이에는 $a′$이라고 이름을 붙였다.

유리 왜 이름을 붙이는 거야? 복잡해지기만 하는데.

나 반대야. 이름을 붙이는 편이 수식을 쓰기가 쉬워진다고.

유리 수식?

나 응. 예를 들자면, 이 내접하는 정n각형의 한 변의 길이는?

유리 몰라.

나 이런! 유리야 잘 살펴보면 알 수 있어!

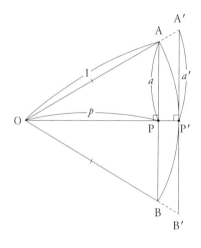

유리 내접하는 정n각형의 한 변의 길이…. 아, 알겠다. 한 변
의 길이는 a의 2배구나!

나 그래, 맞아. 한 변의 길이는 선분 AB의 길이와 같아. AP와
PB의 길이는 같으니까 선분 AB의 길이는 $2a$가 돼.

유리 응. 그럼 오빠야, 삼각형 OAB는 이등변 삼각형이지? OA
랑 OB의 길이가 같은걸.

나 그래, 맞아. 왜 같은지 설명해줄 수 있어?

유리 원의 반지름이니까.

나 그걸로 충분해! 유리는 그림을 잘 이해했구나.

유리 에헷헷.

나 나는 지금 내접하는 정n각형의 한 변의 길이(즉, $2a$)에서 외접하는 정n각형의 한 변의 길이(즉, $2a'$)를 구하고 싶어. 이제 삼각형에 대해 생각할 거야.

유리 어떤 삼각형?

나 삼각형 AOP와 삼각형 A′OP′야.

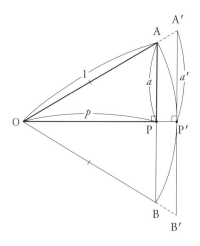

유리 AOP와 A′OP′…, 흐음.

나 선분에 대해서 생각할 거니까, 그 선분을 한 변으로 하는 삼각형에 주목하는 건 당연한 거지. 삼각형 AOP와 삼각형 A′OP′, 이 2개의 삼각형을 잘 비교해 봐. 그럼 무엇을 알 수 있지?

유리 똑같은 모양이네.

나 그래! 맞아. 모양은 같고 크기가 다를 뿐이지. 삼각형의 닮음이야. '각 AOP와 각 A′OP′이 같다'는 것과 '각 APO와 각 A′P′O는 같다'는 것에서 삼각형 AOP와 삼각형 A′OP′은 닮음이라고 할 수 있어.

유리 ….

나 삼각형 AOP와 삼각형 A′OP′은 닮음이니까 대응하는 변은 같은 비율로 변화하겠지?

유리 응, 그건 알아.

나 변 OP가 변 OP′으로 늘어나면, 같은 비율로 변 AP와 변 A′P′으로 늘어나겠지. 그래서 이렇게 돼.

$\overline{\text{OP}} : \overline{\text{OP}'} = \overline{\text{AP}} : \overline{\text{A}'\text{P}'}$ $\quad \overline{\text{OP}} \to \overline{\text{OP}'}$ 과 $\overline{\text{AP}} \to \overline{\text{A}'\text{P}'}$ 의

늘어나는 비율은 같다.

$p : 1 = \overline{\text{AP}} : \overline{\text{A}'\text{P}'}$ $\quad \overline{\text{OP}} = p$ 이고 반지름 $\overline{\text{OP}'} = 1$ 이므로

$p : 1 = a : a'$ $\quad \overline{\text{AP}} = a,\ \overline{\text{A}'\text{P}'} = a'$ 이므로

$\dfrac{p}{1} = \dfrac{a}{a'}$ 비례식을 분수로 나타냈다.

$a = pa'$ 양변에 a' 을 곱하고 양변의 위치를 바꾸었다.

나 이제 'a와 a'의 관계'를 알게 됐어. 이해 돼?

유리 a보다도 a' 쪽이 긴데 $a = pa'$란 건 이상하잖아!

나 아냐, 아냐. 전혀 안 이상해. p는 1보다 작은 수야. 그러니까 $a = pa'$이어도 괜찮아.

유리 아, 그런가.

나 그래. 우리가 구하고자 하는 것에 맞추려면 $a = pa'$보다 $a' = \dfrac{a}{p}$로 나타내는 편이 낫겠다. 내접하는 정n각형의 한 변의 길이(의 절반)에서 외접하는 정n각형의 한 변의 길이(의 절반)를 계산하는 식이 돼. 이제까지 알게 된 내용을 정리해 보자.

〈정리 1〉

(내접하는 정n각형에서 외접하는 정n각형을 구한다.)

내접하는 정n각형의 한 변의 길이를 $2a$라고 하고, 외접하는 정n각형의 한 변의 길이를 $2a'$라고 하면, 아래 식이 성립한다.

$$a' = \frac{a}{p}$$

단, p는 '원의 중심에서 내접하는 정n각형의 한 변에 내린 수선(일정한 직선이나 평면과 직각을 이루는 직선)의 길이'이다.

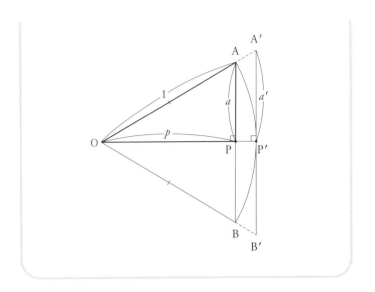

유리 '오케이!'라고 생각했건만….

나 했건만?

4-11 내접하는 정n각형

유리 그 $a' = \dfrac{a}{p}$ 라는 식에 나온 p 라는 걸 잘 모르겠어.

나 어, p 는 원의 중심에서….

유리 그게 아니라! 'a에서 a'을 구하는 방법'인데 정체도 알 수 없는 p라는 게 갑자기 튀어나와서는 답을 구했다고? 정리가 안 돼서 뒤죽박죽이야.

나 아아, 그런 말이었구나. 그럼 p를 제대로 정하면 되는 거지? 그림을 보면 금방 알겠지만….

유리 뚫어져라.

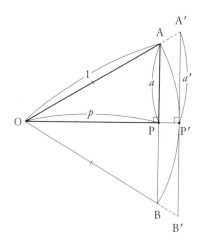

나 피타고라스의 정리를 사용하면 돼.

유리 뭐라고?

나 삼각형 AOP는 직각삼각형이잖아. 그러니까 피타고라스의 정리를 쓸 수 있어. 직각 부분을 이루는 두 변을 각각 제곱해서 더하면 나머지 가장 긴 변의 제곱이랑 같아져.

$$\overline{OP}^2 + \overline{AP}^2 = \overline{OA}^2$$ 직각삼각형 AOP에 피타고라스의

정리를 사용했다.

$$p^2 + a^2 = 1^2$$ $\overline{OP} = p$, $\overline{AP} = a$, $\overline{OA} = 1$이므로

$$a^2 = 1 - p^2$$ p^2을 우변으로 이항했다.

$$a = \sqrt{1 - p^2}$$ $a > 0$이므로 양의 제곱근을 구했다.

유리 하지만 오빠야. 피타고라스의 정리도 알겠고, 식의 변형
도 알겠는데, 도대체 뭘 하려는 거야? 그걸 모르겠어.

나 응. 그건 식 $a = \sqrt{1 - p^2}$ 의 뜻을 읽어내는 방법에 관한
문제겠네. 좌변에는 a가 있고, 우변에는 p를 사용한 식이
있지.

유리 응.

나 그러면 $a = \sqrt{1 - p^2}$ 이라는 식은 'p로 a를 구하는 식'이라
고 해도 되겠지.

유리 p로 a를 구한다…. 흠, 흠?

나 식 $a = \sqrt{1 - p^2}$ 은 말이야, 'p의 값을 알면 a의 값을 구할
수 있어요!'라는 걸 어필하고 있어.

유리 오호라! 어필이구나!

나 그렇게 생각해 보면, p는 아주 중요한 수겠지? p의 값을
알면 a의 값도 알 수 있어. 그리고 p와 a를 알게 되면 a'도

알 수 있지.

유리 정말 그렇겠네!

나 이것도 정리해 두자.

〈**정리 2**〉 (내접하는 정n각형에서)

내접하는 정n각형의 한 변의 길이를 $2a$라고 하고, 원의 중심에서 내접하는 정n각형의 한 변에 내린 수선의 길이를 p라고 하면, 아래 식이 성립한다.

$$a = \sqrt{1 - p^2}$$

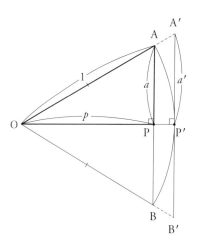

나 그럼 이번엔 내접하는 정2n각형에 대해 생각해 보자.

유리 아까도 그랬었잖아.

나 아냐, 아냐. 아까는 내접하는 정n각형과 외접하는 정n각형
이었어. 이번엔 둘 다 내접하는 정다각형이야. 정n각형에
서 정2n각형을 구하는 거야.

유리 아.

나 이런 그림을 그려서 이름을 붙이자. 방해가 되니까 외접하
는 정n각형은 지워 버리고.

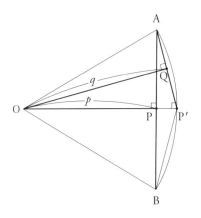

유리 우엑. 엉망진창이야.

나 아냐, 안 그래. 선분 AP′을 긋고 O에서 수선을 내린 것뿐
　이야.

유리 있지 오빠야, 왜 선분 AP′에 대해서도 생각해야 하는 거야?

나 어? 선분 AP′이 내접하는 정2n각형의 한 변이 되기 때문
　인데?

유리 어, 음….

나 '내접하는 정n각형'과 '내접하는 정2n각형'의 변이 어느
　것에 해당하는지 아직 잘 안 보이니? 그림을 잘 봐.

유리 뚫어져라.

나 이 부분이야.

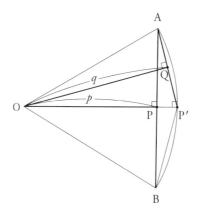

나 여기에 세로로 길게 뻗은 선분 AB가 내접하는 정n각형의
　한 변이고, 오른쪽에 각 지게 그려진 선분 AP′과 선분 P′B

가 내접하는 정2n각형의 2개의 변이야. 위치 관계는 이제 알겠어?

유리 아, 알겠어, 알겠어. 그리고 q라는 게 선분 OQ의 길이란 거네.

나 응, 맞아.

유리 이제부터 뭐하려고 했더라?

나 음, 최종적으로 하고자 한 것은 선분 AB를 이용해서 선분 AP′을 구하는 식을 세우는 거야. 내접하는 정n각형의 한 변의 길이를 가지고 내접하는 정2n각형의 한 변의 길이를 계산해 낼 수 있도록 하는 거지.

유리 흠, 흠.

나 그래서 선분 AB의 절반에 해당하는 선분 AP = a에서 선분 AP′의 절반인 선분 AQ를 구하려는 거지. 선분 OP에서 선분 OQ를 만들어 내는 방법을 찾고 싶은 거야. 그걸 달리 말하면 p를 사용해서 q를 나타내고 싶다는 거지. 그건 'n각형에서 2n각형'으로 다가갈 수 있는 방법 중 하나니까.

유리 으음….

나 이해하기 좀 어려운가? 정n각형에서의 p는, 정2n각형에서의 q와 같아. 그러니까 p를 사용해서 q만 구할 수 있으면 정육각형에서 시작해서 $6 \to 12 \to 24 \to 48 \to 96$으로 확장해 나갈 수 있는 길이 열려.

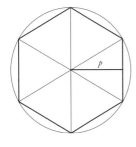

| 내접하는 정육각형의 p | 내접하는 정십이각형의 q |

유리 또 수식이야?

나 물론이지. 즉, q = 'p를 사용한 식'으로 정리할 거야.

유리 어떻게?

나 몰라.

유리 으응?

나 유리야, 잠깐만 기다려줘. 생각할 시간이 필요해.

나는 잠시 동안 도형을 여러 방면으로 살펴보았다.

나 으음….

유리 그렇게 어려워?

나 아니, 삼각함수를 이용해서 밀어붙인다면 가능하겠지만,

그렇게 하면 재미없잖아. 아…, 이러면 어떨까? 수선을 내리는 거야.

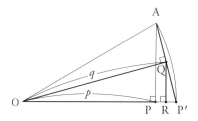

유리 으엑. 또 훨씬 복잡해졌어.

나 이제 알겠어. 점 Q에서 선분 OP′에 수선을 내려서, 그 발을 R이라고 하자.

유리 발?

나 수선을 내렸을 때 생기는 교점을 '수선의 발'이라고 해.

유리 아, 그렇구나. 그럼 그 다음은?

나 p를 이용해서 q를 구하는 거니까, 삼각형 QOR에 주목하자. 그렇게 하면 이 삼각형 QOR은 삼각형 AOQ와 닮음인 걸 알 수 있지.

유리 또 닮음이네?

나 응. 아까랑 똑같은 상황이야. p를 이용해서 q를 구하는 거니까, 쭉 늘어나는 비율, 즉 비를 생각하는 거야. 그러니까 닮음을 찾는 거지. '닮음을 찾는다'고 할 때는 각에 주목해야 해. 2개의 삼각형이 있는데 두 각이 같으면 그 삼각형은 닮음이 되지. 그러니까 각에 신경을 써야 해. 우선 '각 AQO와 각 QRO는 같다'고 할 수 있겠다. 직각이니까. '각 AOQ와 각 QOR은 같다'고 하는 건 이해 돼?

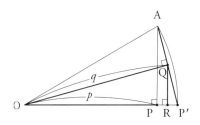

유리 그림을 보니까 같은 것 같아.

나 실제로 같아. 왜냐하면 여기에 원을 이용하는 건데 선분 OA와 선분 OP′은 같아. 원의 반지름이니까. 즉, 삼각형 OP′A는 이등변삼각형인 거지. 그렇다는 건 밑각(다각형에서 밑 변의 양쪽 끝에 있는 각)인 OAP′과 OP′A는 말이야….

유리 흠, 흠.

나 그러니까 2개의 삼각형 AOQ와 P′OQ는 합동(2개의 도형이 크기와 모양이 같아서 서로 포개었을 때 꼭 맞는 것)이지. 이등변삼각형을 OQ로 나눈 두 조각이거든. 그러므로 각 AOQ와 각 P′OQ는 같아. 따라서 '각 AOQ와 각 P′OQ는

'같다'고 말할 수 있게 됐어.

유리 그렇군.

나 닮음의 비를 생각하면 이렇게 정리되지.

$$\overline{OR} : \overline{OQ} = \overline{OQ} : \overline{OA}$$

$$\overline{OR} : q = q : 1 \qquad \overline{OQ} = q, \overline{OA} = 1이므로$$

$$\overline{OR} = q^2$$

유리 어? 선분 OR은 간단하게 안 돼?

나 어? 그렇구나…. 선분 OR = OP + PR = p + PR은 성립
하지만.

유리 PR의 길이는 뭐야?

나 응, 그걸 알면 모두 해결돼!

유리 그래서, 알아?

나 ….

유리 있지, 오빠야….

나 어, 그러니까…. 그렇게 금방은….

유리 있지, R이란 건 선분 PP′의 한가운데 있는 거 아냐?

나 아마 그럴 것 같은데…. 아, 알겠다!

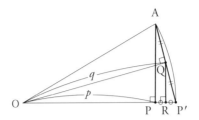

유리 이건?

나 삼각형 P′QR과 삼각형 P′AP는 닮음이야. 비는 두 배고.

$$\overline{OR} = \overline{OP} + \overline{PR}$$

$$= p + \overline{PR} \qquad \overline{OP} = p \text{이므로}$$

$$= p + \frac{\overline{PP'}}{2} \qquad \overline{PR} = \frac{\overline{PP'}}{2} \text{이므로}$$

$$= p + \frac{1 - \overline{OP}}{2} \quad \overline{PP'} = \overline{OP'} - \overline{OP} \text{에서} \ \overline{OP'} = 1 \text{이므로}$$

$$= p + \frac{1 - p}{2} \qquad \overline{OP} = p \text{이므로}$$

$$= \frac{1 + p}{2}$$

나 이걸로 선분 $OR = q^2$과 선분 $OR = \dfrac{1+p}{2}$ 임을 알게 되었으니까….

$$q^2 = \frac{1+p}{2}$$

$$q = \sqrt{\frac{1+p}{2}} \qquad q > 0 \text{이므로}$$

나 이걸로 p를 이용해서 q를 구할 수 있게 됐어!

유리 있지, 무슨 말인지 전혀 모르겠다고….

나 〈정리 3〉이야!

〈정리 3〉 (내접하는 정n각형)

원의 중심에서부터 내접하는 정n각형의 한 변에 내린 수선의 길이를 p, 원의 중심에서 내접하는 정2n각형의 한 변에 내린 수선의 길이를 q라고 할 때, 아래 식이 성립한다.

$$q = \sqrt{\frac{1+p}{2}}$$

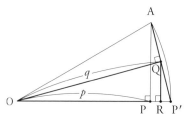

유리 있지, 오빠야. 미안한데, 이제 지겨워서 더는 못하겠어.

나 이제 준비 다 됐어. 여기까지가 준비고, 네가 목 빠지게 기다리던 3.14…가 이젠 제대로 등장할 거야.

유리 우와, 진짜?

나 응, 틀림없어!

유리 아까부터 계산만 주구장창 하고 있는데, 정말 3.14가 이
제 나온다고? 3.14까지 가는 길은 멀고도 험난하구냐옹.

나 지금까지 알게 된 것을 정리해 볼게.

〈정리 1, 2, 3〉

$$a = \sqrt{1 - p^2} \qquad p \text{를 이용해서 } a \text{를 구한다.}(229\text{쪽})$$

$$a' = \frac{a}{p} \qquad p, a \text{를 이용해서 } a' \text{을 구한다.}(225\text{쪽})$$

$$q = \sqrt{\frac{1 + p}{2}} \qquad p \text{를 이용해서 } q \text{를 구한다.}(238\text{쪽})$$

$$L_n = n \cdot a \qquad a \text{를 이용해서 } L_n \text{을 구한다.}$$

$$M_n = n \cdot a' \qquad a' \text{을 이용해서 } M_n \text{을 구한다.}$$

- $2a$는 '내접하는 정n각형의 한 변의 길이.'
- $2a'$은 '외접하는 정n각형의 한 변의 길이.'
- p는 '원의 중심에서 내접하는 정n각형의 한 변에 내린 수선의 길이.'
- q는 '원의 중심에서 내접하는 정2n각형의 한 변에 내린 수선의 길이.'
- $2L_n$은 '내접하는 정n각형의 둘레의 길이.'
- $2M_n$은 '외접하는 정n각형의 둘레의 길이.'

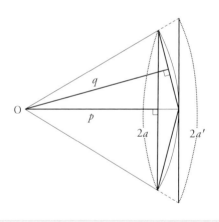

유리 이제 어떻게 하는 거야?

나 여기에서 $2a$, $2a'$, p, q라는 이름을 붙였지만, 이건 별로 좋은 생각이 아니었어.

유리 뭐야, 이제 와서!

나 왜냐하면, 'n을 사용해서' 쓰는 게 더 나았기 때문이야. 그
렇게 했으면 n이 변할 때 $2a$, $2a'$, p, q가 전부 변하기 때
문이지.

유리 그럼 왜 처음부터 n을 안 썼는데?

나 생각할 때 식이 복잡해져서 골치 아파지니까. 하지만 이제
부터는 아르키메데스가 한 것처럼 n을 $6 \rightarrow 12 \rightarrow 24 \rightarrow 48$
$\rightarrow 96$으로 늘려가기 위해서, 복잡한 식이 되더라도 이렇게
〈정리〉를 다시 써 볼게.

〈정리 1, 2, 3〉을 n을 사용해서 다시 정리하면

$a_n = \sqrt{1 - p_n^2}$ p_n을 이용해서 a_n을 구한다.

$a_n' = \dfrac{a_n}{p_n}$ p_n과 a_n를 이용해서 a_n'을 구한다.

$q = \sqrt{\dfrac{1 + p_n}{2}}$ p_n을 이용해서 p_{2n}을 구한다.

$L_n = n \cdot a_n$ a_n을 이용해서 L_n을 구한다.

$M_n = n \cdot a_n'$ a_n'을 이용해서 M_n을 구한다.

- $2a_n$은 '내접하는 정n각형의 한 변의 길이.'

- $2a'_n$은 '외접하는 정n각형의 한 변의 길이.'

- p_n은 '원의 중심에서 내접하는 정n각형의 한 변에 내린 수선의 길이.'

- p_{2n}은 '원의 중심에서 내접하는 정2n각형의 한 변에 내린 수선의 길이.'

- $2L_n$은 '내접하는 정n각형의 둘레의 길이.'

- $2M_n$은 '외접하는 정n각형의 둘레의 길이.'

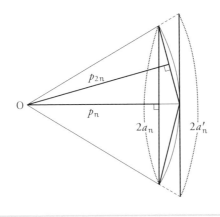

유리 에엥? q가 p_{2n}이 됐네.

나 p는 n일 때의 문자고, q는 2n일 때의 문자니까.

유리 흐음. 그래서 이제부터는 어떻게 하는데?

나 지금 적은 〈정리 1, 2, 3〉을 사용하면 이런 것들을 할 수 있어.

- p_n을 이용해서 a_n을 구한다.
- p_n과 a_n를 이용해서 a'_n을 구한다.
- p_n을 이용해서 p_{2n}을 구한다.

무슨 말인지 이해 돼?

유리 흠, 흠.

나 그렇다는 것은 순서대로

$$p_6 \rightarrow p_{12} \rightarrow p_{24} \rightarrow p_{48} \rightarrow p_{96}$$

이라는 수를 만들어 나갈 수 있어. 그리고 각각의 p_n에 대해 a_n과 a'_n을 얻게 되고, 더 나아가 L_n과 M_n의 값도 얻을 수 있어.

유리 흠, 흠.

나 그러면 '내접하는 정n각형의 둘레의 길이 $2L_n$'과 '외접하는 정n각형의 둘레의 길이 $2M_n$'에서는 좌우협공하는 거야. 원주는 $2\pi r$이지만, $r = 1$이니까 원주는 2π.

$$2L_n < 2\pi < 2M_n$$

유리 이게 그거네. '원주율보다 작은 수'와 '원주율보다 큰 수' 를 이용한 좌우협공이라는 거지?

나 응. 둘레의 길이를 $2L_n$이라는 식으로 쓴 건, 식을 단순하게 하기 위해서야. 전체를 2로 나누면 이렇게 돼.

$$L_n < \pi < M_n$$

나 정육각형부터 시작하면 이렇게 돼.

$$L_6 < \pi < M_6$$

유리 L_6이라는 건 내접하는 정육각형의 둘레의 길이야?

나 둘레의 길이의 절반이야. $2L_6 = 6$ 이니까, $L_6 = 3$ 이야.

유리 아, 그렇구나.

나 정육각형의 그림을 그려보면 알겠지만, p_6은 한 변이 1인 정삼각형의 높이와 같아져. 피타고라스의 정리를 사용해서 계산하면 $p_6 = \sqrt{1^2 - \left(\dfrac{1}{2}\right)^2} = \dfrac{\sqrt{3}}{2}$ 임을 알 수 있지.

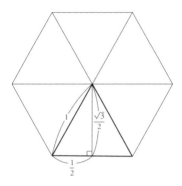

나 p_6을 알면 a_6도 알 수 있어. a_6과 p_6을 알면, a'_6도 알 수 있고. a'_6을 알면 $\mathrm{M}_6 = 6 \cdot a'_6$을 얻을 수 있지. 〈정리 1, 2, 3〉을 사용하면 차례대로 계산해 나갈 수 있어. 제곱근 계산까지 손으로 다 하긴 힘드니까 이건 계산기를 사용하자.

$$p_6 = \frac{\sqrt{3}}{2} \qquad = 0.866025403$$

$$a_6 = \sqrt{1 - p_6^2} = \sqrt{1 - \left(\frac{\sqrt{3}}{2}\right)^2} = 0.5$$

$$a'_6 = \frac{a_6}{p_6} \qquad = 0.577350269$$

$$\mathrm{L}_6 = 6 \cdot a_6 \qquad = 3$$

$$\mathrm{M}_6 = 6 \cdot a'_6 \qquad = 3.464101615$$

유리 어, 이건?

나 L_6과 M_6을 계산한 거야. 이제 '정육각형을 사용해서 얻은
원주율의 범위'를 알게 됐어.

정육각형을 사용하여 얻은 원주율의 범위

$$3 = L_6 < \pi < M_6 = 3.464101614$$

원주율은 3과 3.464…의 사이에 있다.

유리 오빠야! 3.464…라니, 완전히 틀렸잖아! 3.14까지는 멀
고도 멀다냐옹….

나 아니야, 이건 첫 번째 단계인 n = 6이라서 그래. 다음 단계
인 n = 12를 계산해 보자. 아까 열심히 만든 〈정리 1, 2, 3〉
을 사용해서 말이야.

유리 아, 그렇구나.

나 이제는 n = 12로 할거야. 아까랑 동일한 방식으로 하면 돼.
단, n은 2배가 된 거야.

$$p_{12} = \sqrt{\frac{1 + p_6}{2}} \quad = 0.965925825$$

$$a_{12} = \sqrt{1 - p_{12}^2} \quad = 0.2588\,1905$$

$$a'_{12} = \frac{a_{12}}{p_{12}} \quad = 0.267949\,197$$

$$L_{12} = 12 \cdot a_{12} \quad = 3.\,1058286$$

$$M_{12} = 12 \cdot a'_{12} \quad = 3.2\,15390364$$

유리 어, 그러니까 L_{12}와 M_{12} 사이라는 거지, 응?

정십이각형을 사용하여 얻은 원주율의 범위

$$3.\,1058286 = L_{12} < \pi < M_{12} = 3.2\,15390364$$

원주율은 3.105…과 3.215…의 사이에 있다.

나 좋아. 이제 원주율의 범위는 3.105…와 3.215…의 사이
로 좁아졌어.

유리 응! 얼른 다음 것도 계산해 보자!

나 다음은 n = 24일 때야.

$$p_{24} = \sqrt{\frac{1 + p_{12}}{2}} \quad = 0.99144486$$

$$a_{24} = \sqrt{1 - p_{24}^2} \quad = 0.130526204$$

$$a'_{24} = \frac{a_{24}}{p_{24}} \quad = 0.131652509$$

$$L_{24} = 24 \cdot a_{24} \quad = 3.132628896$$

$$M_{24} = 24 \cdot a'_{24} \quad = 3.159660216$$

정이십사각형을 사용하여 얻은 원주율의 범위

$$3.132628896 = L_{24} < \pi < M_{24} = 3.159660216$$

원주율은 3.132…와 3.159…의 사이에 있다.

유리 우와, 굉장하다, 굉장해! 3.13과 3.15 사이라면 3.14잖아!

나 좋아. 이걸로 원주율이 3.1…이라는 값임이 확정되었어. 하지만 아직 3.14는 아니야. 잘 봐, 작은 쪽이 3.132…라는 건 원주율이 3.133…일지도 모른다는 얘기지.

유리 갑자기 신중한 척하지 말라고! 빨리 정사십팔각형!

나 응, 그래. 이번엔 n = 48이야.

$$p_{48} = \sqrt{\frac{1 + p_{24}}{2}} \quad = 0.997858922$$

$$a_{48} = \sqrt{1 - p_{48}^2} \quad = 0.065403149$$

$$a'_{48} = \frac{a_{48}}{p_{48}} \quad = 0.065543482$$

$$L_{48} = 48 \cdot a_{48} \quad = 3.139351152$$

$$M_{48} = 48 \cdot a'_{48} \quad = 3.146087136$$

유리 나왔다! M_{48}에 3.14가 나왔다!

나 응, 하지만 작은 쪽인 L_{48}은 아직 3.139…네.

정사십팔각형을 사용하여 얻은 원주율의 범위

$$3.139351152 = L_{48} < \pi < M_{48} = 3.146087136$$

원주율은 $\underline{3.139}$…과 $\underline{3.146}$…의 사이에 있다.

유리 그렇구나. 이제 한 발짝만 더 다가가면 되겠다!

나 그러니까 3.14까지 나오게 하려면 역시 정구십육각형이 필요한 거네.

유리 아, 그렇구나! 아르키메데스는 대단해!

나 그럼 이제는 기다리고 기다리던 정구십육각형이다!

유리 우와!

$$p_{96} = \sqrt{\frac{1 + p_{48}}{2}} = 0.9994645877$$

$$a_{96} = \sqrt{1 - p_{96}^2} = 0.0327191077$$

$$a_{96}' = \frac{a_{96}}{p_{96}} = 0.032736634$$

$$\mathrm{L}_{96} = 96 \cdot a_{96} = 3.1410342772$$

$$\mathrm{M}_{96} = 96 \cdot a_{96}' = 3.1427716864$$

나 나왔다!

유리 나왔다! 3.14가 나왔네!

정구십육각형을 사용하여 얻은 원주율의 범위

$$3.1410342772 = \mathrm{L}_{96} < \pi < \mathrm{M}_{96} = 3.1427716864$$

원주율은 3.141⋯과 3.142⋯의 사이에 있다.

나 응, 이제 말할 수 있어. 원주율 π는 3.141⋯보다 크고, 3.142⋯보다 작아.

유리 그러니까, 원주율 π는 3.14 어쩌구란 거네!

나 그래. 소수점 아래 두 번째 자리까지는 이걸로 확정됐어!

유리 만세! 드디어 3.14까지 도달했어!

정육각형에서 정구십육각형에 이르기까지 원주율을 구하기 위한 좌우협공

n	L_n	$<$	π	$<$	M_n
6	$3.000\cdots$	$<$	π	$<$	$3.464\cdots$
12	$3.105\cdots$	$<$	π	$<$	$3.215\cdots$
24	$3.132\cdots$	$<$	π	$<$	$3.159\cdots$
48	$3.139\cdots$	$<$	π	$<$	$3.146\cdots$
96	$3.141\cdots$	$<$	π	$<$	$3.142\cdots$

나 잘했어, 유리야!

유리 3.14는 정말 계산하면 얻을 수 있는 값이구나!

주1. 이 대화에서는 제곱근을 계산기를 사용하여 계산했다. 아르키메데스는 제곱근을 연분수를 사용하여 계산했다고 한다.

주2. 이 대화에 나오는 수치는 계산기를 사용함으로써 발생하는 유효숫자의 감소는 고려하지 않았다. 3.14 1034272나 3.1427 16864와 같이 자릿수를 많이 기록한 수의 경우, 끝부분의 수치는 부정확할 수 있다.

참고문헌: 우에노 겐지(上野健爾),《원주율 π에 대하여(円周率 π をめぐって)》 (일본평론사)

"'내게는 처음'에도 큰 의미가 있다."

제4장의 문제

●●● 문제 4-1 (원주율 측정하기)

줄자를 사용해서 대략적인 원주율의 값을 측정하는 방법
을 생각해 보자. 우선 원형의 물체를 찾아 줄자로 둘레의
길이를 잰다. 그다음, 줄자로 지름을 잰다. 원의 둘레의 길
이를 ℓ, 지름을 a로 했을 때, 대략적인 원주율을 구하시오.

(해답은 333쪽에)

●●● 문제 4-2 (원주율 측정하기)

주방 저울(부엌에서 식재료의 무게를 잴 때 쓰는 저울)을 사
용하여 대략적인 원주율의 값을 구하는 방법을 생각해 보
자. 우선 두꺼운 종이에 반지름이 a인 원을 그리고, 그것
을 잘라 무게를 잰다. 다음에는 한 변의 길이가 a인 정사
각형을 그리고, 그것을 잘라 무게를 잰다. 원의 무게가 x
그램, 정사각형의 무게가 y그램일 때, 대략적인 원주율의
값을 구하시오.

(해답은 334쪽에)

제5장

똑바로 뻗은 굽은 길

"눈에 보이는 것을 '형태'라고 하는가?"

평소와 다름없는 방과 후. 도서실에서 수학 공부를 하고 있으려니 후배인 테트라가 말을 걸어 왔다.

테트라 선배님…, 지금 잠깐 질문 좀 해도 될까요?

나 응, 잠깐만. 여기까지 일단 다 쓰고…. 응, 이제 괜찮아. 질문이 뭐야, 테트라?

테트라 죄송해요, 공부 중이신데…. 지난번 점의 회전과 삼각함수에 대해 가르쳐 주셨잖아요.

나 응, 그랬지.

테트라 그때 가르쳐 주신 내용은 재미있었는데요, 어려운 부분도 있어서요. 그래서 삼각함수에 대해서 더 배우고 싶다는 마음도 들구요.

나 테트라는 정말 대단하다. 어렵다는 생각이 드는데도 '더 공부하고 싶다'는 마음이 생기는 걸 보면.

테트라 아…, 네. 안 그러면 모르는 게 점점 늘어나서 어떻게 할 수도 없는 상황이 되어버리거든요.

나 응. 그럼 삼각함수에 관한 질문이야?

테트라 네. 참고서에서 삼각함수 부분을 봤더니, 공식이 왕창 나와서 '이 많은 걸 외우기는 너무 힘들겠다'는 생각이 들었어요.

나 아, 그렇지. 삼각함수는 공식이 많이 나오지.

테트라 이렇게 많은 공식과 친구가 될 수 있을지 의문이 들었어요. 게다가 말이죠, 그 공식을 설명하는 그림이 너무 복잡해서 이해하려고 애쓰다 보니 이미 해가 저물어 있었어요.

나 응, 동감이야. 모든 공식을 한번에 잘 사용하게 되기란 쉽지 않으니까, 조금씩 익숙해지도록 연습이 필요해. 그런데 혹시 특별히 궁금했던 공식이 있니?

테트라 네. 예를 들자면, 삼각함수의 덧셈정리가 잘 이해가 안 돼요. 잠시만요. 지금 노트를….

나 응. 덧셈정리라면 설명해 줄 수 있어.

테트라 네?

5-2 덧셈정리

나 덧셈정리라면 금방 설명할 수 있어. sin의 경우 이런 식이 나오지.

삼각함수의 덧셈정리

$$\sin(\alpha + \beta) = \sin\alpha\,\cos\beta + \cos\alpha\,\sin\beta$$

테트라 와, 역시 선배님! 어떻게 그렇게 쉽게 공식이 떠오르는 거죠?

나 응, 여러 번 반복해서 쓰다 보면 그냥 외워져. 참고서에는 이 공식을 쉽게 외울 수 있는 방법들이 나와 있지만, 나는 '사인·코스, 코스·사인'이라고 머릿속으로 떠올리면서 읽어.

테트라 네?

나 이 식의 우변을 보면 '$\sin\alpha\,\cos\beta + \cos\alpha\,\sin\beta$'로 되어 있잖아. 각인 α와 β는 항상 이 순서로 고정해 두면, 나머지는 $\sin \cdot \cos$(사인·코스)와 $\cos \cdot \sin$(코스·사인)이라는 식으로 함수의 순서만 떠올리면 되는 거야.

테트라 아, 네….

나 자신에게 맞도록 스스로 암기법을 만드는 것도 좋은 방법이야.

테트라 그런가요?

나 하지만 통째로 암기하는 것만 중요한 것이 아니라, 잘 생각해 보기도 해야겠지.

테트라 무슨 뜻이죠?

나 그러니까, 'sin(α + β) = sinα cosβ + cosα sinβ'라는 식이 가진 의미를 이해하지 못하면 실제로 사용할 수 없다는 거야. 혼자 문제를 풀다가 '어, 여기에 넛셈정리를 써도 되지 않을까?'라는 식으로 알아차리느냐 그렇지 못하느냐가 중요하니까.

테트라 그렇겠네요. 넛셈정리의 의미를 이해해야 한다는 거죠.

나 응. 하지만 식의 의미는 하나로 정해져 있는 게 아니야. '이 식은 이런 방식으로도 이해할 수 있다'라는 말처럼 많은 의미를 가지고 있지. 의미라고 할 수도 있고, 해석이라고 할 수도 있겠지만. 식을 여러모로 살펴보면 식에 대한 다양한 해석을 발견할 수 있어. 아주 즐거운 일이지.

테트라 서, 선배님! 전 선배님이 무척 부러워요. 저도 '발견'이 란 걸 해보고 싶어요! 예를 들면 이 식은 어떻게 읽으세요?

$$\sin(α + β) = \sinα \cosβ + \cosα \sinβ$$

나 예를 들어 좌변을 보면, α + β라는 각의 합이 나오지.

$$\sin(\underbrace{\alpha + \beta}_{\text{합}}) = \cdots$$

테트라 네, 듣고 보니 그러네요.

나 합, 즉 덧셈에 대한 정리니까 '덧셈정리'라고 하는 거야. 그
리고 덧셈정리의 우변을 보면 여기엔 α + β가 하나도 나오
지 않아. α와 β로 항상 따로따로 등장하지.

$$\cdots = \sin \underbrace{\alpha}\ \cdot \cos \underbrace{\beta}\ + \cos \underbrace{\alpha}\ \cdot \sin \underbrace{\beta}$$

테트라 정말이네요···. 다시 잘 보니 그렇군요!

테트라는 내가 가르쳐 준 내용을 하나 하나 진지하게 듣고,
온 몸과 온 마음을 다해 그 내용에 반응한다. 그래서 테트라와
이야기하고 있으면 더욱 많은 것을 가르쳐주고 싶어진다. '잘 들
어주는 사람'이라고 해야 할까··· 음, 테트라는 '배울 자세가 된
사람'이라고 하는 게 더 적절하겠다.

나 그러니까 예를 들어 sinθ를 구하기가 어려운 상황에서

는….

- $\theta = \alpha + \beta$처럼 θ를 α와 β의 합으로 나타낼 수 있다.
- $\cos\alpha$, $\cos\beta$, $\sin\alpha$, $\sin\beta$ 각각의 값을 구하기 쉽다.

나 위의 내용들을 알아챌 수 있다면 덧셈정리를 사용할 수 있어.

테트라 그렇군요! 그게 덧셈정리로 읽어내는 법이군요.

나 응. 하지만 이건 그 방법을 사용한 하나의 예일 뿐이니까 주의해야 해.

테트라 네…. 그런데 그렇게 쉽게 문제가 풀리는 상황이 되는 것이 일반적인가요?

나 예를 들어 두배각 공식 $\sin2\theta = 2\cos\theta\sin\theta$에서는 $2\theta = \theta + \theta$라는 것만 간파하면 금세 이해돼.

테트라 그렇군요….

테트라는 '비밀노트'에 메모를 한다.

나 테트라는 이 덧셈정리가 이해가 잘 안 됐던 거야?

테트라 네…. 덧셈정리를 설명하는 그림이 참고서에 실려 있었는데, 아주 복잡했거든요. 이해해 보려고 애는 썼지만요.

나 음, 그럼 말이야, 간단한 그림을 그려가면서 설명해 볼까?
그럼 틀림없이 이해가 될 거야. 왜 덧셈정리에서 sinα cosβ
+ cosα sinβ라는 식이 나오는지도 알게 될 거구.

테트라 그렇게 해요!

5-3 단위원에서 시작한다

나 이제부터 덧셈정리 sin(α + β) = sinα cosβ + cosα sinβ라
는 공식이 어떻게 성립하는지 설명하도록 할게.

테트라 네, 부탁드려요.

나 아, 그렇지. 일반각에 대해 그림으로 설명하면 조건별로
나눠서 살펴봐야 하니까, α와 β 모두 0°보다 크고 α + β가
90°보다 작다는 조건에서 설명할게.

테트라 네.

나 우선은 복습을 겸해서 '반지름이 1인 원(단위원)'과 sin과
cos의 관계를 떠올려 보자.

테트라 네.

나 단위원의 중심을 회전의 중심으로 해서, 단위원 위의 점 (1, 0)을 원주 위에서 α만큼 회전시켰다고 하자. 그 모습을 그림으로 그리면 이렇게 되겠지.

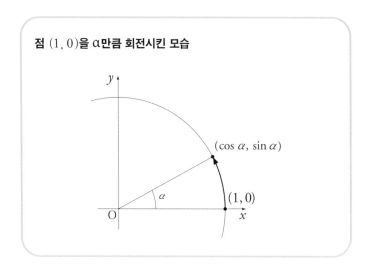

점 (1, 0)을 α만큼 회전시킨 모습

테트라 네, 기억나네요. x좌표가 cosα고, y좌표가 sinα죠.

나 그렇지. 이것을 cos과 sin의 정의라고 봐도 돼. 그럼, 다음 엔 테트라가 β만큼 회전시켜 봐.

테트라 네, 넵! 각도가 β니까… 이렇게 말씀인가요?

점 (1, 0)을 β만큼 회전시킨 모습

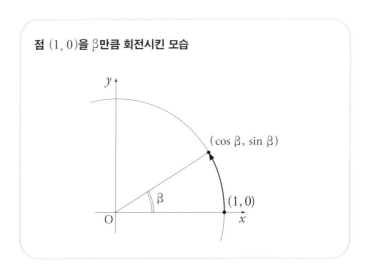

나 아, 미안, 미안. 내가 정확하게 지시를 못 했네. 지금 테트라는 점 $(1, 0)$을 β만큼 회전시킨 거지?

테트라 네…. 뭔가 틀렸나요?

나 아니야, 테트라가 그린 그림은 맞아. 내가 생각한 건 이런 그림이었어.

점 $(\cos\alpha, \sin\alpha)$를 β만큼 회전시킨 모습

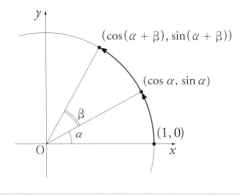

테트라 아…. 이건 회전을 서로 더한 거네요.

나 그래, 맞아. 점 $(1, 0)$을 α만큼 회전시키면 점 $(\cos\alpha, \sin\alpha)$ 가 돼. 그리고 그 점을 또다시 β만큼 회전시키는 거야. 그 러면 점 $(\cos(\alpha + \beta), \sin(\alpha + \beta))$가 돼. 이건 잘 이해되지?

$$(1, 0) \overset{\alpha}{\to} (\cos\alpha, \sin\alpha) \overset{\beta}{\to} (\cos(\alpha + \beta), \sin(\alpha + \beta))$$

테트라 네, 이해되요. 처음에 α만큼 회전시키고 다음에 β만큼 회전을 더하면, 둘을 합해서 처음부터 α + β만큼 회전시킨 것과 똑같네요. 한 번에 크게 회전시키는.

나 응, 맞아.

$$(1, 0) \xrightarrow{\quad \alpha + \beta \quad} (\cos(\alpha + \beta), \sin(\alpha + \beta))$$

테트라 그럼, 이제부턴 어떻게 하실 거예요?

나 응, 이걸 잘 봐. 우리가 지금 관심을 가지고 있는 것은 $\sin(\alpha + \beta)$라는 식인데, 회전시킨 후의 점의 y좌표가 딱 $\sin(\alpha + \beta)$가 되어 있잖아!

점 $(1, 0)$을 $\alpha + \beta$만큼 회전시킨 후의 점 y의 좌표는 $\sin(\alpha + \beta)$가 된다.

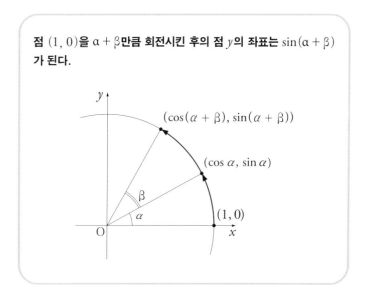

테트라 아, 맞아요. 덧셈정리니까 α + β를 찾는 거였죠!

나 그래. α와 β라는 2개의 각의 합을 찾는 거지.

테트라 네, 그러면…?

나 그래서 지금 sin(α + β)는 찾았으니까, 이번엔 sinα cosβ + cosα sinβ 를 찾아야겠지. 그게 우리의 목표야.

덧셈정리의 좌변 sin(α + β)는 구했다.

덧셈정리의 우변 sinα cosβ + cosα sinβ는 어디에 있을까?

그리고 그 둘은 같은가?

테트라 그렇군요! 문제를 '도형의 세계'로 옮겨서 생각하자는 거네요!

나 그래! 이제 막 sin(α + β)을 구한 거야.

테트라 하, 하지만…. '도형의 세계'로 옮겼다고 해도 저러면 이런 복잡한 식은 찾을 수 없을 것 같아요!

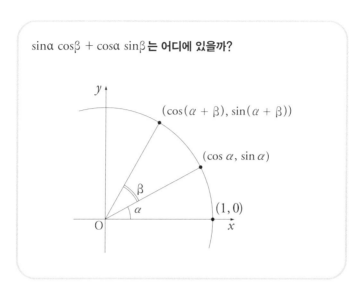

$\sin\alpha \cos\beta + \cos\alpha \sin\beta$ 는 어디에 있을까?

$(\cos(\alpha + \beta), \sin(\alpha + \beta))$

$(\cos\alpha, \sin\alpha)$

$(1, 0)$

5-4 폴리아의 질문

나 그런데 테트라. 요전에 미르카가 이야기한 거 있지. 폴리아의 '어떻게 문제를 풀 것인가?' 이야기.

테트라 네? 아, 네. '질문 잘 던지는 폴리아 씨' 말씀이시죠?

나 응. 폴리아의 목록에는 '주어진 문제를 풀 수 없을 때의 질문'이라는 것이 있어. 몇 가지가 있는데, 그 중 하나는 '문제의 일부를 풀 수 있는가'라는 질문이지.

폴리아의 질문 : '문제의 일부를 풀 수 있는가?'

테트라 문제의 일부를 푼다고 하셨는데, sinα cosβ + cosα sinβ
의 일부라는 건 무슨 의미죠?

5-5 문제의 일부를 풀다

나 문제의 일부를 푼다는 건, sinα cosβ + cosα sinβ 전부가 아
니라, 예를 들면 이 식의 마지막에 있는 sinβ를 구한다는 거
야. 식의 일부잖아.

$$\text{sin}\alpha\ \text{cos}\beta + \text{cos}\alpha\ \underbrace{\text{sin}\beta}_{\uparrow}$$

테트라 sinβ라면 이 부분 말씀이세요?

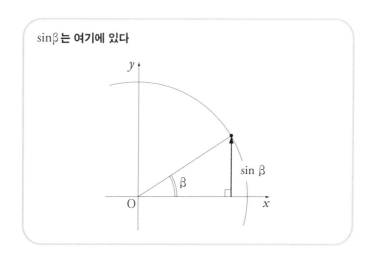

sinβ 는 여기에 있다

나 응, 그래. 맞긴 한데, $\sin(\alpha + \beta)$가 나오는 그림에서 $\sin\beta$를 찾았으면 해. 예를 들면 여기 있네. 기울어진 삼각형이 있는 곳에.

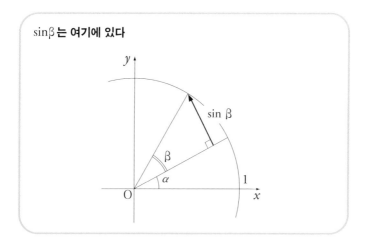

sinβ 는 여기에 있다

테트라 아, 저기… 선배님. 그렇지만 이건 제가 찾은 삼각형을
α만큼 회전시켜서 얻은 거랑 같잖아요.

나 응? 아, 하긴 그래.

삼각형을 회전시켜서 sinβ를 재발견

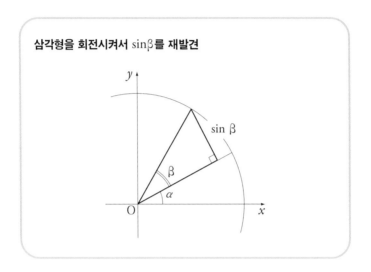

나 어느 쪽이든, 우리가 알아보고자 하는 식에서 sinβ는 찾
았네.

테트라 네! 발견했어요!

$$\sin\alpha \cos\beta + \cos\alpha \underbrace{\sin\beta}_{\text{발견!}}$$

나 '문제의 일부를 풀 수 있는가'에 대해 더 생각해 보자. 지금은 $\sin\beta$를 찾았으니까 $\cos\beta$는….

테트라 네! 이미 찾았어요! 이거지용!

나 테트라, 빨리 찾았구나!

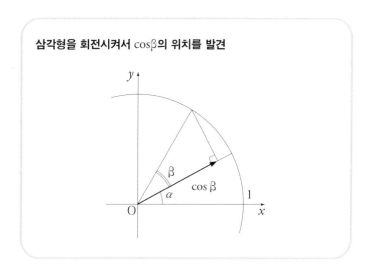

삼각형을 회전시켜서 $\cos\beta$의 위치를 발견

테트라 아까 제가 그린 삼각형이네요!

나 이걸로 우리가 알아보려고 하는 식에서 $\cos\beta$도 구했어.

$$\sin\alpha \underbrace{\cos\beta}_{\text{발견!}} + \cos\alpha \underbrace{\sin\beta}_{\text{발견!}}$$

테트라 네, 그렇지만….

나 그렇지만?

테트라 $\sin\alpha$와 $\cos\alpha$가 곱해져 있네요.

나 그러네. 그림을 한 번 더 잘 보고 곰곰이 생각해 보자.

내가 그렇게 말하자, 테트라는 곤란한 표정으로 답했다.

테트라 죄, 죄송해요. 선배님. 선배님 이야기는 일단 이해했어요. 그런데 이렇게 많은 문자가 나와 정신이 없어지니까 '생각해 보자'고 말씀하셔도 갈피를 못 잡겠어요. 무엇을 생각해야 할까요? 이, 이런 한심한 질문을 드려서 죄송해요!

나 아니야, 괜찮아. 찾고 알아보고 하는 도중에 무엇을 생각해야 좋을지 모르게 되는 경우도 있지. 그럴 때도 폴리아의 질문을 떠올려 보는 거야.

테트라 폴리아 씨의 질문이요?

나 예를 들어 우리가 '구하려는 것은 무엇인가.'

폴리아의 질문 : '구하려는 것은 무엇인가?'

테트라 제가 구하려는 것은 sinα cosβ + cosα sinβ예요.

나 응, 그렇지. 그리고 sinα cosβ + cosα sinβ를 구하려면 sinα cosβ와 cosα sinβ를 알면 돼.

테트라 네, 맞아요. 더하면 되니까요.

나 그럼 폴리아의 질문을 하나 더 해볼까. 우리에게 '주어진 것은 무엇인가?'

폴리아의 질문 : '주어진 것은 무엇인가?'

테트라 그러니까 α와 β가 주어져 있어요.

나 응. 그리고 그것을 사용한 cosβ와 sinβ도 우린 이미 알고 있어. 이거랑, 이거 말이야.

$$\underbrace{\text{sin}\alpha\ \text{cos}\beta}_{\text{이거랑}} + \underbrace{\text{cos}\alpha\ \text{sin}\beta}_{\text{이거}}$$

테트라 네, 아까 발견했으니까요.

나 그럼 이렇게 생각해 보면 어떨까? 우리가 이미 알고 있는 것으로 우리가 구하려는 것을 만들어 낼 수는 없을지 말이야. 즉 'cosβ와 sinβ'로 'sinα cosβ와 cosα sinβ'를 만들어 내는 거야.

테트라 앗…!

테트라는 큰 눈을 반짝였다.

테트라 '이미 알고 있는 것'으로 '구하려는 것'을 만든다…!
나 그래, 그래. 그렇게 생각을 진행하면 돼, 테트라.
테트라 네, 그럼 생각해 보겠습니닷!

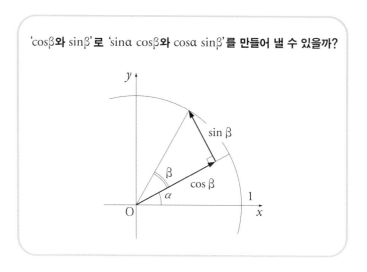

'cosβ와 sinβ'로 'sinα cosβ와 cosα sinβ'를 만들어 낼 수 있을까?

테트라 하나 발견했어요! sinα cosβ이예요. 삼각형 AOH를 생
각하니… 여기 있네요.

sinα cosβ를 발견!

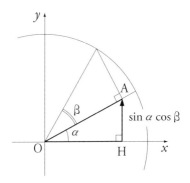

직각삼각형 AOH에서 sinα의 정의에 따라

$$\sin\alpha = \frac{\overline{\text{HA}}}{\overline{\text{OA}}}$$

즉,

$$\overline{\text{HA}} = \overline{\text{OA}}\,\sin\alpha$$

라고 할 수 있다. 따라서

$$\overline{\text{HA}} = \overline{\text{OA}}\,\sin\alpha$$

$$= \cos\beta\,\sin\alpha \qquad \overline{\text{OA}} = \cos\beta이므로$$

$$= \sin\alpha\,\cos\beta \qquad 곱한 순서를 바꿨다.$$

라고 할 수 있다.

나 완전 잘했어! 그렇지. 이거랑 이게 이미 알고 있었던 거지.

$$\underbrace{\sin\alpha\,\cos\beta}_{\text{이거랑}} + \underbrace{\cos\alpha\,\sin\beta}_{\text{이거}}$$

테트라 네, 네. 맞아요!

나 남는 건

테트라 $\cos\alpha\,\sin\beta$를 찾아내면 되는 거죠!

테트라는 이후 오랜 시간 열심히 고민했다. 그러나 나는 테트라가 끙끙거리는 것이 안쓰러워서 그만 가르쳐 주고 말았다.

나 테트라, 여기 있어.

테트라 아아! 선배님! 가르쳐 주시면 안돼욧!

$\cos\alpha\,\sin\beta$를 발견!

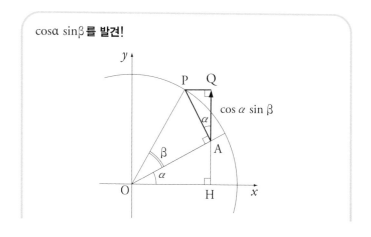

삼각형의 내각의 합은 180°이므로, 직각삼각형 AOH의 각(∠) AOH의 크기 α는 180°에서 각(∠) OAH와 각(∠) AHO = 90°를 뺀 것과 같다.

$$\alpha = 180° - \angle OAH - 90°$$

한편, 각 PAQ의 크기는 각 HAQ = 180°에서 각 OAH와 각 OAP = 90°를 뺀 것과 같다.

$$\angle PAQ = 180° - \angle OAH - 90°$$

따라서

$$\angle PAQ = \alpha$$

라고 할 수 있다.

직각삼각형 PAQ에서 cosα의 정의에 따라

$$\cos\alpha = \frac{\overline{AQ}}{\overline{PA}}$$

즉,

$$\overline{AQ} = \overline{PA}\cos\alpha$$

라고 할 수 있다. 따라서

$$\overline{AQ} = \overline{PA}\cos\alpha \qquad \text{cosα의 정의에 따라}$$
$$= \sin\beta\cos\alpha \qquad \overline{PA} = \sin\beta\text{이므로}$$
$$= \cos\alpha\sin\beta \qquad \text{곱한 순서를 바꿨다.}$$

라고 할 수 있다.

나 미안, 미안.

테트라 죄송해요, 제 기분대로 큰 소리를 냈네요. 하지만 이걸로 구하려는 것을 모두 찾았어요!

$$\underbrace{\sin\alpha\,\cos\beta} + \underbrace{\cos\alpha\,\sin\beta}$$

나 그래! 게다가 그림을 보면 $\sin(\alpha + \beta)$와 $\sin\alpha\,\cos\beta + \cos\alpha\,\sin\beta$가 같다는 걸 확인할 수가 있지!

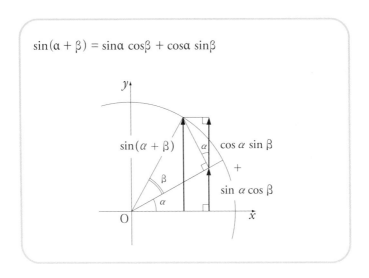

$$\sin(\alpha + \beta) = \sin\alpha\,\cos\beta + \cos\alpha\,\sin\beta$$

테트라 정말 그러네요!

테트라 선배님…. 제가 깨달은 것이 있어요.

나 뭔데?

테트라 저는 아까 참고서의 그림이 복잡하다고 푸념했어요.

나 아니야, 무슨 그 정도로 푸념이라고 그래.

테트라 저, 참고서의 그림을 그냥 쳐다봤을 뿐, 손을 움직이시는 않았어요. 하지만 선배님은 손을 움직여서 그림을 그려 주셨죠. 저는…. 아주 깊이 반성하고 있어요.

나 그래?

테트라 네. 참고서에 실린 그림이 복잡하다는 생각이 든다면, 단순하게 '직접 그려본다'는 노력을 했어야 했죠.

나 응, 그렇지. 수식을 써보는 것도, 그림을 그려보는 것도 아주 중요하지.

테트라 그리고 저는 사고력도 부족하다는 것을 알게 되었어요.

나 무슨 뜻이야?

테트라 선배님은 차근차근 '폴리아의 질문'을 제게 던져 주셨어요.

폴리아의 질문

- 문제의 일부를 풀 수 있는가?
- 구하려는 것은 무엇인가?
- 주어진 것은 무엇인가?

나 응, 그렇지. 나도 어려운 문제를 풀 때면 스스로 묻곤 해.

테트라 그게 맞는 것 같아요. 저, 그렇게 스스로 질문하는 것
을 의식하면서 한 적이 없었어요. 선배님의 좋은 습관을 저
도 따라하고 싶어요. 그게 제가 지금 '구하려는 것'이에욧!

테트라는 볼을 붉히면서 진지한 눈으로 나를 봤다.

나 좋은 생각이야. 나야 말로 고마운걸. 테트라가 항상 이야기
를 잘 들어 주니까 나도 잘 설명할 수 있는 거야.

테트라 아뇨…, 저기.

나 그럼 폴리아의 질문을 하나 더 생각해 볼까? '결과를 한눈
에 이해할 수 있는가?'

폴리아의 질문 : '결과를 한눈에 이해할 수 있는가?'

테트라 한눈에요?

나 그래. 우리는 $\sin(\alpha + \beta) = \cdots$ 이라는 식이 맞는지 확인했
 지만, 그걸 한눈에 이해할 수 있는지에 관한 거야.

테트라 ….

나 그림을 이렇게 보면 돼. 그럼 1부터의 흐름을 잘 알 수 있
 지.

$1 \longrightarrow \cos\beta \longrightarrow \sin\alpha\,\cos\beta$ **를 만드는 흐름**

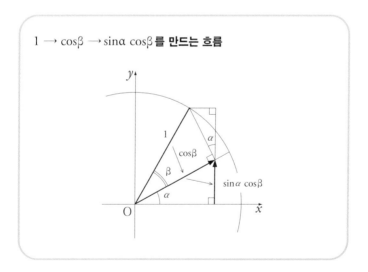

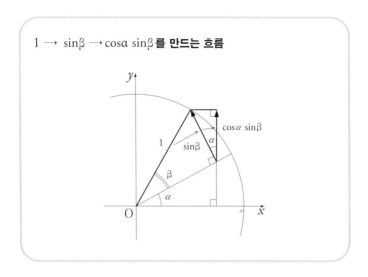

$1 \rightarrow \sin\beta \rightarrow \cos\alpha \sin\beta$를 만드는 흐름

테트라 그렇군요…. 한 번 더 그려볼게요!

나 응. 삼각함수의 덧셈정리는 복잡하게 보여도 자기 스스로 손을 움직여서 그림을 그려보면 외우기 쉬워.

삼각함수의 덧셈정리

$$\sin(\alpha + \beta) = \sin\alpha \cos\beta + \cos\alpha \sin\beta$$

테트라 네, $\sin\alpha \cos\beta + \cos\alpha \sin\beta$는 '사인·코스, 코스·사인'이었죠.

나 아, 테트라도 그냥 그대로 외운 거야?

테트라 네! 그러니까 도형을 사용한 설명을 보고 생각한 건데요, 점의 회전이란 무척이나 중요한 거네요.

테트라는 커다란 눈을 반짝이며 말했다.

나 그래, 테트라. 원래 삼각함수의 cos과 sin은 단위원 위에 있는 점의 회전으로 정의할 수 있으니까. 그건 아주 자연스러운 거야.

테트라 네. 맞아요. '삼각함수'라는 말을 들으면, 저는 언제나 '삼각형'을 떠올리게 되요. 그런데 '원'을 떠올리는 것이 중요하네요.

나 맞아, 네 말대로야. '삼각함수는 원의 함수'라고 해도 될 정도야. 왜냐하면 삼각함수는 각도 θ에서 원주 위에 있는 점의 x좌표($\cos\theta$)와 y좌표($\sin\theta$)를 만들어 내니까.

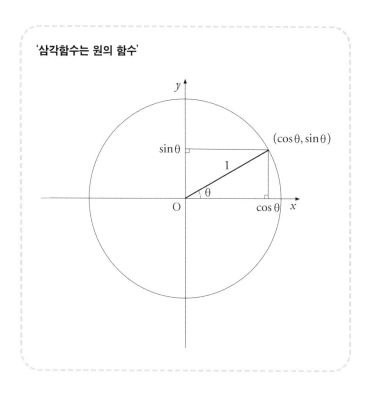

'삼각함수는 원의 함수'

$(\cos\theta, \sin\theta)$

$\sin\theta$

1

θ

$\cos\theta$

테트라 삼각함수는 원의 함수…. 그러네요!

솔직한 테트라는 언제나 가지고 다니는 '비밀노트'를 꺼내 메모를 한다. 테트라는 자신의 말로 표현하는 것을 아주 좋아한다.

나 그러고 보니 회전을 나타내는 식 이야기가 도중에 중단이
되어서 더 얘기를 못했었지?

테트라 아, 네. 아주 복잡한 식이 나왔어요.

나 이거였지? 좌표평면 위의 점 (a, b)를 원점을 중심으로 각
θ만큼 회전시켰을 때 생긴 점을 (a', b')이라고 하면….

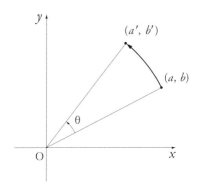

테트라 네.

나 그걸 좌표로 나타내면 이렇게 되는 거였지.

회전에 대한 식 (181쪽 참고)

- 회전의 중심을 원점 $(0, 0)$으로 한다.

- 회전각을 θ로 한다.

- 회전시키기 전의 점을 (a, b)로 한다.

- 회전시킨 후의 점을 (a', b')으로 한다.

이때, a'와 b'를 a, b, θ를 사용하여 나타내면 다음과 같다.

$$\begin{cases} a' = a\cos\theta - b\sin\theta \\ b' = a\sin\theta + b\cos\theta \end{cases}$$

테트라 맞아요, 맞아. 선배님, 어떻게 이렇게 복잡한 '회전에 대한 식'이 그렇게 쉽게 술술 기억이 나시는 거예요? 역시 암기하신 거예요?

나 음…, 암기라기보단, 지난번에 미르카가 그려준 그림이 떠올라서 생각해 내는 것이 어렵지 않았어.

테트라 그림이요…?

나 잘 봐, 이 그림이야. 점 (a, b)를 꼭짓점으로 갖는 직사각형을 회전시켜서….

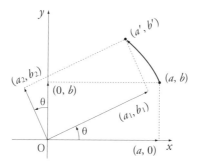

테트라 아! 맞아요. 성분의 합을 만드는 거죠?

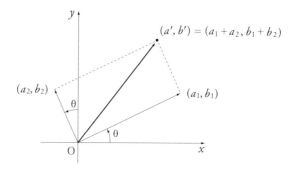

나 그래, 맞아. 이제 $\cos\theta$와 $\sin\theta$를 알면 돼.

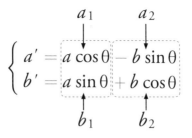

$$\begin{cases} a' = \overbrace{a\cos\theta}^{a_1} \underbrace{- b\sin\theta}_{b_1} \\ b' = \underbrace{a\sin\theta}_{b_1} \overbrace{+ b\cos\theta}^{a_2} \end{cases}$$

테트라 우와! 이건 외워 둬야 했네요. 가르쳐주신 지 얼마 안

되었던 건데.

나 뭐, 그렇지.

그때 테트라가 '저는 아무것도 모르겠어요'라며 충격을 받은
상태였던 기억이 떠올랐다.

테트라 그래도 '회전에 관한 식'이란 복잡하네요.

나 복잡하긴 하지만 말이야, 테트라.

미르카 하긴 복잡하긴 하네, 테트라.

나 우왓!

테트라 미르카 선배님!

미르카 지난번에 중단한 회전 행렬에 관한 이야기…, 계속 해
보자. 테트라는 행렬에 대해 알아?

테트라 아, 아니요…. 행렬이라는 말은 들어본 적이 있지만,
잘은 몰라요.

나 자, 내가 행렬을 설명해 줄게.

테트라 잘 부탁드려요.

나 우리가 지금부터 생각해 보려는 것은 수학에서 자주 사용
하는 행렬이라는 거야. 기본적인 건 전혀 어렵지 않으니까
걱정하지 마. 숫자를 이렇게 표처럼 배치해서, 커다란 괄호
로 묶은 것을 행렬이라고 해.

$$\begin{pmatrix} 1 & 2 \\ 3 & 4 \end{pmatrix}$$

테트라 네.

나 $\begin{pmatrix} 1 & 2 \\ 3 & 4 \end{pmatrix}$에서 나열된 숫자를 행렬의 성분이라고 불러.

테트라 성분…이라고 하는군요.

나 성분이 문자거나 식인 경우도 있어. 성분을 일반적으로 나

타내기 위해 a, b, c, d처럼 문자를 사용해서 이렇게 나타내는 경우도 많아.

$$\begin{pmatrix} a & b \\ c & d \end{pmatrix}$$

테트라 저… 죄송한데요.

나 왜 그러는데?

테트라 왜 이걸 '행렬'이라고 하는 걸까요? 행렬이라고 하면, 뭐랄까, 일렬로 주욱 늘어선 것을 상상하게 되거든요. 행렬이 생길 정도로 인기 있는 가게처럼 말이죠.

나 그럴 수도 있겠다. 수학에서의 행렬은 이렇게 표와 같은 형태가 돼. 성분이 가로로 늘어선 것을 행, 세로로 늘어선 것을 열이라고 하지.

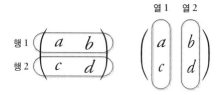

테트라 행과 열이라고 하는군요. 숫자를 2×2로 세워놓고 행렬이라….

미르카 쟤는 지금 2개의 행과 2개의 열로 이루어진 행렬, 즉 2
×2행렬을 사용해서 설명하고 있는 거야. 더 많은 행과 열
로 이루어진 것도 있어.

테트라 네, 알겠습니다.

나 그래서 말이야, 행렬끼리의 덧셈과 곱셈을 생각해 보자.

미르카 잠깐.

갑자기 미르카가 내 설명을 가로막았다.

미르카 회전 행렬 이야기부터 시작하자.

나 어?

테트라 네?

미르카 행렬의 기본은 중요하지만, 그 전에 재미있는 부분을
먼저 하는 게 좋겠어.

나 그래?

테트라 어, 저, 저기… 저도 이해할 수 있을까요?

미르카 그럴 거야. 복잡한 식이 단순해져서 기분이 상쾌하거
든.

테트라 그렇다면 부탁드려요.

나 ….

테트라에게 갑자기 회전 행렬을 설명하는 것으로 급작스럽게 방향을 전환한다. 미르카가 무리한 일을 벌이는 게 아닌지….

5-9 회전식

미르카 테트라는 이 '회전식'을 복잡하다고 생각하니?

$$\begin{cases} a' = a\cos\theta - b\sin\theta \\ b' = a\sin\theta + b\cos\theta \end{cases}$$

회전식

테트라 네…, 복잡해 보여요.

미르카 하지만 '곱의 합'이라는 것을 알아차리면 패턴을 알 텐데.

테트라 '곱의 합'…, 말씀이신가요?

나 '곱하고, 곱하고, 더하기'야!

미르카 '곱하고, 곱하고, 더하기.' 말 그대로네. 넌 그런 표현을 좋아하는구나.

나 그랬었나?

미르카 '회전식'에는 2개의 '곱하고, 곱하고, 더하기'가 있어.

$$a' = a\cos\theta - b\sin\theta = \underbrace{\underbrace{(a) \times \boxed{\cos\theta}}_{곱하고} + \underbrace{(b) \times \boxed{-\sin\theta}}_{곱하고}}_{더하기}$$

$$b' = a\sin\theta + b\cos\theta = \underbrace{\underbrace{(a) \times \boxed{\sin\theta}}_{곱하고} + \underbrace{(b) \times \boxed{\cos\theta}}_{곱하고}}_{더하기}$$

테트라 곱하고, 곱하고, 더하기. 곱하고, 곱하고, 더하기. 정말 이네요!

미르카 ☐는 그대로 나열해서 행렬을 만들어.

$$\begin{pmatrix} \boxed{\cos\theta} & \boxed{-\sin\theta} \\ \boxed{\sin\theta} & \boxed{\cos\theta} \end{pmatrix}$$

행렬

테트라 네?

미르카 ◯는, 사실 (a)와 (b) 두 종류뿐이야. 세로로 나열해서 벡터로 만들자. 자, 이게 벡터야.

벡터

테트라 …?

미르카 이 둘을 나란히 늘어놓은 것을 행렬과 벡터의 곱이라고 부르자.

$$\begin{pmatrix} \boxed{\cos\theta} & \boxed{-\sin\theta} \\ \boxed{\sin\theta} & \boxed{\cos\theta} \end{pmatrix} \begin{pmatrix} \textcircled{a} \\ \textcircled{b} \end{pmatrix}$$

행렬과 벡터의 곱

테트라 곱이라….

미르카 '행렬과 벡터의 곱'은 '곱하고, 곱하고, 더하기'를 사용해서 다음과 같이 정의해.

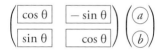

$$\begin{pmatrix} \boxed{\cos\theta} & \boxed{-\sin\theta} \\ \boxed{\sin\theta} & \boxed{\cos\theta} \end{pmatrix} \begin{pmatrix} \textcircled{a} \\ \textcircled{b} \end{pmatrix} = \begin{pmatrix} \textcircled{a} \times \boxed{\cos\theta} + \textcircled{b} \times \boxed{-\sin\theta} \\ \textcircled{a} \times \boxed{\sin\theta} + \textcircled{b} \times \boxed{\cos\theta} \end{pmatrix}$$

'행렬과 벡터의 곱'을 정의하다

테트라 잠, 잠깐만요, 선배님. 수용할 수 있는 용량을 넘어선 것 같아요. 뭐랑 뭐를 곱하는지를 생각할 시간을⋯.

미르카 좋을 대로 해.

테트라는 식을 보며 노트에 옮겨 적고는 몇 번씩이나 같은 식을 쓰는 연습을 했다.

테트라 이런 2가지 계산을 한다⋯는 의미이신가요?

$$\begin{pmatrix} \boxed{\cos \theta} & \boxed{-\sin \theta} \\ \cdot & \cdot \end{pmatrix} \begin{pmatrix} \textcircled{a} \\ \textcircled{b} \end{pmatrix} = \begin{pmatrix} \textcircled{a} \times \boxed{\cos \theta} + \textcircled{b} \times \boxed{-\sin \theta} \\ \cdot \end{pmatrix}$$

$$\begin{pmatrix} \cdot & \cdot \\ \boxed{\sin \theta} & \boxed{\cos \theta} \end{pmatrix} \begin{pmatrix} \textcircled{a} \\ \textcircled{b} \end{pmatrix} = \begin{pmatrix} \cdot \\ \textcircled{a} \times \boxed{\sin \theta} + \textcircled{b} \times \boxed{\cos \theta} \end{pmatrix}$$

미르카 그래. 그렇게 계산하는 것을 행렬과 벡터의 곱이라고 해.

테트라 행렬과 벡터의 곱⋯?

미르카 그러니까 '회전식'은 '행렬과 벡터의 곱'이라는 형태로 나타낸 것이 되는 거야.

$$\begin{pmatrix} a' \\ b' \end{pmatrix} = \begin{pmatrix} \cos\theta & -\sin\theta \\ \sin\theta & \cos\theta \end{pmatrix} \begin{pmatrix} a \\ b \end{pmatrix}$$

벡터   행렬   벡터

회전시킨 후의 점   회전 행렬   회전시키기 전의 점

테트라 곱이란 건, 곱셈이란 말이잖아요? 미르카 선배님, 역시 저는 이해가 안 돼요!

미르카 뭘 모르겠는데?

테트라 죄, 죄송해요.

미르카 사과할 필요는 없어. 뭘 모르겠는데?

테트라 네…. 저기 말이죠. 이걸 행렬이라고 하는 건 알겠어요. '수를 늘어놓은 것'에 '행렬'이라는 이름을 붙인 거죠?

$$\begin{pmatrix} \cos\theta & -\sin\theta \\ \sin\theta & \cos\theta \end{pmatrix}$$

미르카 그래. 그런데?

테트라 네, 그래서 이걸 벡터라고 하는 것도 알겠어요. 점 (a, b)의 좌표 a와 b를 세로로 나열해서 그거에 이름을 붙인 거죠?

$$\begin{pmatrix} a \\ b \end{pmatrix}$$

미르카 그래. 행벡터와 열벡터라고 불러. 그리고?

테트라 거기까지는 알겠어요. 행렬이라는 것. 벡터라는 것. 그 런 이름을 붙인 것뿐이니까…. 하지만 그 2개를 나열한 이 식을 보면요….

$$\begin{pmatrix} \cos\theta & -\sin\theta \\ \sin\theta & \cos\theta \end{pmatrix} \begin{pmatrix} a \\ b \end{pmatrix}$$

이렇게 행렬과 벡터를 나열한 것을… '행렬과 벡터의 곱'이 라고 가르쳐 주셔도, 왜 이게 곱셈인지 전혀 모르겠어욧!

나 있지, 미르카. 역시 행렬의 기본부터 이야기하는 편이 좋 지 않을까?

미르카 아냐. 테트라는 이해할 수 있어. 행렬에 관한 기본적인 지식은 책을 보면 얼마든지 다 나와 있어. 하지만 테트라가 지금 이해하려고 하는 건 그런 내용이 아닌데, 테트라가 혼란스러워 하는 것도 지식이 부족해서가 아니야.

테트라 ….

미르카 테트라, 무엇이 혼란스러운 건지 한 번 더 설명해 봐.

미르카는 테트라를 손가락으로 가리켰다.

테트라 아, 네. 미르카 선배님은 회전식은 '행렬과 벡터의 곱'
의 형태로 나타낼 수 있다고 하셨어요.

$$\begin{cases} a' = a\cos\theta - b\sin\theta \\ b' = a\sin\theta + b\cos\theta \end{cases}$$

회전식

$$\begin{pmatrix} a' \\ b' \end{pmatrix} = \begin{pmatrix} \cos\theta & -\sin\theta \\ \sin\theta & \cos\theta \end{pmatrix} \begin{pmatrix} a \\ b \end{pmatrix}$$

'행렬과 벡터의 곱'으로 나타낸 회전식

미르카 그런데?

나 저는 그 이야기를 듣고 곧 '왜?'라고 생각했어요. 왜냐하면
저는 이 '행렬과 벡터의 곱'이 어디서 나온 건지 몰랐거든
요. 마치 하늘에서 강림한 듯한 식이에요.

미르카 흠….

테트라 곱은 곱셈이죠. 저는 '이게 왜 행렬과 벡터의 곱셈이
지?'라는 의문이 들었어요. '곱하고, 곱하고, 더하기'라는 계
산이 왜 곱셈이 되지?라는 의문도 생겼고요. 그리고…, 그
리고 저는 그 의문에 대답할 수가 없어요.

테트라는 나와 미르카를 번갈아 보며 말을 이었다.

테트라 저는 제 자신에게 묻는 '왜?'라는 질문에 답할 수 없
어요. 이것이 행렬과 벡터의 곱이 되는 이유를 모르겠다고
요! 그래서 '모르겠어!'라고 큰 소리로 외치고 싶어져요.
'난, 모르겠어! 난 이해가 안 된다고! 수학은 역시 어려워!'
라고 생각하게 되죠.

나 테트라….

테트라 생각해 보면, 전 이런 경우가 자주 있어요. 수업 중
에 이해하지 못하는 것이 나왔을 때, 바로 질문하면 될 텐
데…. '모르겠다'는 것 때문에 조바심을 내게 되죠. 이런 일
이 자주 있어요.

미르카 그래?

테트라 네, 정말 자주 그래요. 사실 '내가 전혀 알아듣지 못하
고 있는 건 아닐까?' 하는 생각이 들어서 자신이 없어져요.

제 자신이 떠올린 의문조차도 답을 못하니까요! 이런 패턴에 빠져들면 선생님 목소리도 안 들려요.

미르카 지금은?

테트라 네?

미르카 지금은 내 목소리 들려?

테트라 어, 저…. 네, 괜찮아요.

미르카 좋아. 그럼 이 식에 대해 다시 이야기해 보자.

$$\begin{pmatrix} \boxed{\cos\theta} & \boxed{-\sin\theta} \\ \boxed{\sin\theta} & \boxed{\cos\theta} \end{pmatrix} \begin{pmatrix} \textcircled{a} \\ \textcircled{b} \end{pmatrix} = \begin{pmatrix} \textcircled{a} \times \boxed{\cos\theta} + \textcircled{b} \times \boxed{-\sin\theta} \\ \textcircled{a} \times \boxed{\sin\theta} + \textcircled{b} \times \boxed{\cos\theta} \end{pmatrix}$$

'행렬과 벡터의 곱'을 정의한다

테트라 네…. 너무 제 맘대로 떠들어대서 죄송해요.

미르카 사과하지 않아도 돼. 이 식은 '행렬과 벡터의 곱'을 정의하고 있어. 정확하게는 일반적인 행렬이 아닌 '회전 행렬과 벡터의 곱'이지만, 어쨌든 이건 '정의'야. 그렇게 정해둔 것뿐이니까, 그런 의미에서 이유는 없어. 그러니 이유를 모르겠다고 안달할 필요도 없어.

테트라 네… 하지만.

미르카 테트라는 '행렬'이나 '벡터'를 '그냥 그렇게 이름만 붙여둔 것'으로 받아들였어. 그게 가능하다면 '행렬과 벡터의 곱'에 대해서도 동일하게 받아들일 수 있겠지. '그렇게 이름만 붙여둔 연산'이니까.

테트라 아!

미르카 테트라는 '곱하고, 곱하고, 더하기' 곱의 합을 만드는 성분의 연산과 행렬과 벡터의 곱이라는 다른 연산 사이에서 조금 혼란을 겪은 모양이지만, 그건 익숙해져야 하는 거겠지. '곱'이라는 동일한 표현으로 되어 있더라도 무엇과 무엇의 곱인가에 따라 의미는 변할 수 있는 거야.

테트라 같은 표현이더라도 의미가 변해도 되는 건가요!

미르카 그래. 성분 간의 관계에서 '곱'이라는 말을 사용할 때와 행렬과 벡터에 대해 '곱'이라는 말을 쓸 때는 각각 다른 연산을 가리키고 있는 거야.

테트라 그게 머릿속에 정리가 잘 안 됐어요….

미르카 그렇기 때문에 정의가 중요한 거야. 물론 행렬과 벡터의 곱은 대충 정의한 건 아니야. 이렇게 정의하는 것이 좋기 때문에 그렇게 한 거야.

테트라 누가요?

미르카 '누가'라니?

테트라 누가 행렬과 벡터의 곱을 그렇게 정의한 거예요?

미르카 케일리. 수학자인 케일리가 행렬과 벡터의 곱을 이렇게 정의했어. 19세기 중반의 일이야.

나 아, 케일리 – 해밀턴의 정리의 그 케일리?

미르카 응.

테트라 케일리 씨에게는 이유가 있었군요.

미르카 그래. 논문에서 연립방정식 연구에 행렬을 사용하면 편리하기 때문에 썼다고 해. 그런 의미에서는 이유가 있는 거지.

테트라 정의라는 건…, 결국 행렬과 벡터의 곱은 '외워 둬야 한다'는 거네요.

미르카 그래, 테트라. 정의한 것일 뿐, 무언가로부터 도출할 수 있는 게 아냐. 무엇보다도 이 식의 형태, 내적 형식은 벡터에서는 자주 등장하지만.

테트라 네, 알겠어요. 거기까지 이해했어요.

나는 테트라와 미르카가 나누는 대화에 몰입해서 듣고 있었다. 테트라가 '모르겠다는 감각'에 대해 말하고, 미르카가 그에 대답해 나간다. 두 사람은 행렬과 벡터의 곱을 매개로, 중요하게 여기는 보물을 교환하고 있는 듯 보였다. 교환이라기보다는 공유랄까?

테트라 하지만, 미르카 선배님께서 말씀하신 정도로는, 죄송
하지만 행렬을 사용했다고 해서 단순한 수식이 되었다고
는 이해할 수 없어요. 그래서 전 역시 행렬에 대해서 잘 모
르겠다고 해야 할지….

미르카 흐음…. 단순함을 강조한 건 좋지 않았던 건가. 그럼 행
렬의 다른 면에 대해 이야기해 볼게. 우리는 행렬을 사용해
서 '새로운 시점'을 손에 넣는 거야.

테트라 네? 새로운 시점이라는 건 뭔가요?

미르카 예를 들면, 회전 행렬의 경우 행렬을 사용해서 '회전이
라는 것'을 식으로 명확하게 나타낼 수 있어.

테트라 ?

5-10 새로운 시점

미르카 '회전식'에는 식 전체에 $\cos\theta$와 $\sin\theta$가 여기저기 들어
가 있지.

$$\begin{cases} a' = a\cos\theta - b\sin\theta \\ b' = a\sin\theta + b\cos\theta \end{cases}$$

회전식

나 그렇지.

미르카 그것과 비교했을 때 '행렬로 나타낸 회전식'에는 회전
에 관한 $\cos\theta$와 $\sin\theta$는 모두 행렬 안에 정리되어 있어. 그래
서 식의 내용을 한눈에 알아보기 좋은 거야.

$$\begin{pmatrix} a' \\ b' \end{pmatrix} = \begin{pmatrix} \cos\theta & -\sin\theta \\ \sin\theta & \cos\theta \end{pmatrix} \begin{pmatrix} a \\ b \end{pmatrix}$$

'행렬과 벡터의 곱'으로 나타낸 회전식

테트라 아…, 듣고 보니 그러네요.

미르카 '행렬로 나타낸 회전식'에 회전에 관한 것은 모두 회전
행렬 안에 정리되어 있어. 그리고 그 회전 행렬에 점을 나
타내는 벡터를 붙여 곱을 구하면 회전 후의 점을 얻게 돼.
그것은 마치 회전 행렬이라는 기계에 점을 집어넣으면 회
전 후의 점이 튀어 나오는 것처럼 보인다고 할 수도 있지.

$$\begin{pmatrix} a' \\ b' \end{pmatrix} \leftarrow \begin{pmatrix} \cos\theta & -\sin\theta \\ \sin\theta & \cos\theta \end{pmatrix} \leftarrow \begin{pmatrix} a \\ b \end{pmatrix}$$

회전 행렬에 점을 집어넣으면 회전 후의 점이 튀어 나온다

테트라 재미있는 그림이네요.

나 함수에 대한 설명에서 비슷한 그림을 본 적이 있어.

미르카 회전 행렬을 사용하면 '회전'을 일으키는 것을 식으로 명확히 나타낼 수 있어. 이게 '새로운 시점'이야. 회전 행렬 이외의 행렬을 사용하면 회전과는 다른 별개의 '변환'을 표현할 수 있지. 행렬은 무언가를 나타내기에는 강력한 도구야.

테트라 어, 어렵네요….

미르카 이건 혼자서 생각해 보는 게 좋겠지?

테트라 알겠어요…. 그건 그렇고 '곱하고, 곱하고, 더하기'라는 형태는 신기하네요.

미르카 그럼 퀴즈. 원점을 회전의 중심으로 회전각이 α일 때 점 (1, 0)은 어디로 이동할까?

테트라 아, 넵! 그건 알아요. 점 (cosα, sinα)예요. x좌표가 cos 이고, y좌표가 sin이니까요.

304

미르카 잘했어. 그럼 다음 퀴즈. 원점을 회전의 중심으로 하고, 회전각이 β인 회전 행렬과 점 (cosα, sinα)를 나타내는 벡터의 곱은 어떻게 될까?

테트라 아, 네. '행렬과 벡터의 곱'을 정의하는 식을 사용하면… 이렇게 되려나요?

$$\begin{pmatrix} \cos\beta & -\sin\beta \\ \sin\beta & \cos\beta \end{pmatrix} \begin{pmatrix} \cos\alpha \\ \sin\alpha \end{pmatrix} = \begin{pmatrix} \cos\alpha\cos\beta - \sin\alpha\sin\beta \\ \cos\alpha\sin\beta + \sin\alpha\cos\beta \end{pmatrix}$$

미르카 테트라, 회전 후의 점 y좌표는 뭘까?

테트라 네, 이거예요. 복잡하네요.

$$\cos\alpha\,\sin\beta + \sin\alpha\,\cos\beta$$

미르카 그게 다야?

테트라 네?

미르카 앞뒤 순서를 바꾸자.

$$\sin\alpha\,\cos\beta + \cos\alpha\,\sin\beta$$

테트라 '사인·코스, 코스·사인!' 덧셈정리?!

미르카 그래. 덧셈정리 중에서도 '곱의 합'이 숨어 있는 거야.

$$\sin(\alpha + \beta) = \underbrace{\underbrace{\sin \alpha \cos \beta}_{\text{곱하고}} + \underbrace{\cos \alpha \sin \beta}_{\text{곱하고}}}_{\text{더하기}}$$

나 그러고 보니 그러네. '곱하고, 곱하고, 더하기…'

미르카 그래서 cos의 덧셈정리와 sin의 덧셈정리는 이렇게 정리할 수 있어.

---

cos의 덧셈정리와 sin의 덧셈정리

$$\begin{cases} \cos(\alpha + \beta) = \cos \alpha \cos \beta - \sin \alpha \sin \beta \\ \sin(\alpha + \beta) = \sin \alpha \cos \beta + \cos \alpha \sin \beta \end{cases}$$

$$\begin{pmatrix} \cos(\alpha + \beta) \\ \sin(\alpha + \beta) \end{pmatrix} = \begin{pmatrix} \cos \beta & -\sin \beta \\ \sin \beta & \cos \beta \end{pmatrix} \begin{pmatrix} \cos \alpha \\ \sin \alpha \end{pmatrix}$$

테트라 어, 이, 이건…. 왜 이렇게 되는 거예요?

미즈타니 선생님 하교 시간입니다.

미즈타니 선생님의 말씀에 우리들의 수학 토크는 일단 종료.

그리고 이제부터 우리가 스스로 생각해야 하는 시간이 시작
된다.

"형태가 보이는 것에 '눈이 뜨였다'고 할 수 있을까?"

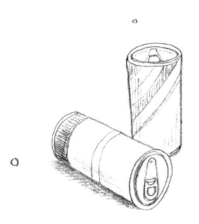

제5장의 문제
- - - - - - - - - - - - -

● ● ● **문제 5-1 (덧셈정리)**

α = 30°, β = 60° 일 때, 덧셈정리

$$\sin(\alpha + \beta) = \sin\alpha \cos\beta + \cos\alpha \sin\beta$$

가 성립함을 계산으로 확인하시오.

(해답은 335쪽에)

● ● ● **문제 5-2 (덧셈정리)**

sin75°를 구하시오.

(해답은 337쪽에)

● ● ● **문제 5-3 (덧셈정리)**

sin4θ를 sinθ와 cosθ를 사용해서 나타내시오.

(해답은 338쪽에)

모월 모시. 수학 자료실에서.

소녀 우와, 신기한 것들이 여럿 있네요!

선생님 그렇지.

소녀 선생님, 이건 뭐죠?

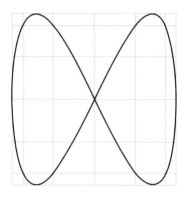

선생님 뭐라고 생각해?

소녀 리사주 도형?

선생님 그래. 이런 도형을 옆에서 본 거라 할 수 있지.

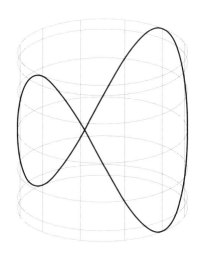

소녀 원기둥에 실을 감은 거예요?

선생님 그래. 사인 곡선을 감고 있는 것처럼도 보이고, 휘어진 원처럼도 보이네.

소녀 선생님, 이건 물어볼 필요도 없이 원이죠?

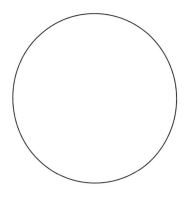

선생님 사실은 원이 아니야.

소녀 하지만 원으로 보여요.

선생님 이건 정구십육각형이야.

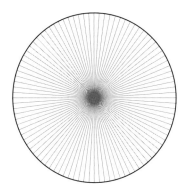

소녀 정구십육각형? 거의 원인데요!

선생님 아르키메데스는 원주율의 근사치인 3.14를 구했어.

소녀 이 그림으로요?

선생님 계산으로.

소녀 선생님 이건 뭐예요?

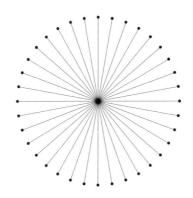

선생님 뭐라고 생각해?

소녀 정삼십육각형인가요?

선생님 이웃하는 점을 선분으로 연결해 간다면 그렇지.

소녀 네.

선생님 이 점을 (x_n, y_n)이라고 한다면, r = 1, θ = 10°, n = 0,
1, 2, ⋯35일 때 이런 식으로 나타낼 수 있어.

$$\begin{cases} x_n = r\cos(n\theta) \\ y_n = r\sin(n\theta) \end{cases}$$

소녀 0, 1, 2, ···, 35인 것은 점이 36개여서요?

선생님 그래. 사실은 n이 정수 전체여도 돼. n이 무수히 많아도 점은 정확히 겹치기 때문에 구별할 수 있는 것은 36개 뿐이지.

소녀 그렇겠네요.

선생님 이렇게 생각해도 돼. 점 $(1, 0)$을 회전 행렬을 사용해서 원점을 중심으로 회전시키는 거야. 회전 행렬을 n제곱 해주면 같은 도형이 생겨.

$$\begin{pmatrix} x \\ y \end{pmatrix} = r^n \begin{pmatrix} \cos\theta & -\sin\theta \\ \sin\theta & \cos\theta \end{pmatrix}^n \begin{pmatrix} 1 \\ 0 \end{pmatrix}$$

소녀 선생님, 우변의 처음에 나오는 r^n은요?

선생님 아, r^n을 붙인 건 멀리 날려 보낼 수 있도록 하기 위해서야.

소녀 멀리?

선생님 r = 1이면 원 위를 빙글빙글 돌 뿐이지만, r > 1가 되면 이렇게 돼.

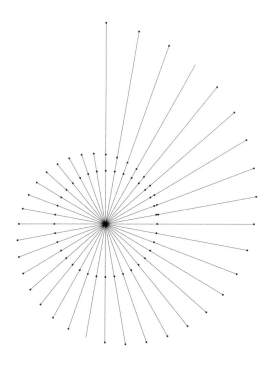

소녀 우왓! 나선형이다!

선생님 그래. 이로써 $n \to \infty$로 무한히 저 멀리까지 갈 수 있지.

소녀 무한히 저 멀리까지요? 그렇게까지는 그릴 수 없잖아요!

선생님 그러니까 수식을 사용하는 거야. 그림을 직접 그릴 수
는 없어도 마음속으로 그릴 수 있지.

소녀 선생님은 정말 수식을 좋아하시네요.

소녀는 그렇게 말하고 '후훗' 하고 웃었다.

해답

제1장의 해답

● ● ● **문제 1-1** (sin θ 구하기)

sin45°의 값을 구하시오.

〈해답 1-1〉

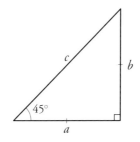

위의 그림처럼 한 각이 45°인 직각삼각형을 이용하여 $\dfrac{b}{c}$
를 계산한다. 삼각형의 내각의 합은 180°이므로, 나머지
한 각은 180° − 90° − 45° = 45°이다. 밑각이 같으므로, 이
직각삼각형은 $a = b$인 이등변삼각형임을 알 수 있다(직각
이등변삼각형). 피타고라스의 정리에 따라, 세 변 사이에

$$a^2 + b^2 = c^2$$

이라는 식이 성립한다. $a = b$이므로

$$b^2 + b^2 = c^2$$

즉,

$$2b^2 = c^2$$

이 성립한다. $b > 0$, $c > 0$이므로 양변을 $2c^2$으로 나눈 뒤 제곱근을 구하면

$$\frac{b}{c} = \frac{1}{\sqrt{2}}$$

을 얻는다. 우변의 분모와 분자에 각각 $\sqrt{2}$를 곱하면

$$\frac{b}{c} = \frac{\sqrt{2}}{2}$$

가 되므로, $\sin 45° = \dfrac{\sqrt{2}}{2}$ 이다.

답: $\sin 45° = \dfrac{\sqrt{2}}{2}$

주의사항: $\sin 45° = \dfrac{1}{\sqrt{2}}$ 이라고 답해도 된다. $\sqrt{2} = 1.414$ $21356\cdots$임을 이용하여 손으로 계산하는 경우에는, $\dfrac{1}{\sqrt{2}}$ 보다 $\dfrac{\sqrt{2}}{2}$ 인 편이 계산하기 수월하다. $\dfrac{1}{\sqrt{2}}$ 을 $\dfrac{\sqrt{2}}{2}$ 로 변형하는 것을 '분모의 유리화'라고 한다.

θ가 $0° \leq \theta \leq 360°$일 때, $\sin\theta = \frac{1}{2}$이 되는 θ를 모두 구하시오.

〈해답 1-2〉

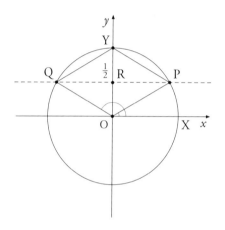

위의 그림과 같이 점 (1, 0)을 점 X, 점 (0, 1)을 점 Y라 하자. 그리고 원점을 중심으로 하는 단위원과 직선 $y = \frac{1}{2}$의 교점 2개를 각각 P, Q라 하자. 이때 각(∠) XOP와 각(∠) XOQ가 구해야 할 각이 된다(여기에서는 ∠XOP < ∠XOQ로 생각한다).

점 $(0, \frac{1}{2})$을 점 R이라고 하면, 삼각형 PRY와 삼각형

PRO는 합동이다. 왜냐하면 변 PR이 공통이고, $\overline{RY} = \overline{RO}$ = $\frac{1}{2}$ 이고, $\angle$ PRY = $\angle$ PRO = 직각이기 때문이다.

삼각형 PRY와 삼각형 PRO가 합동이므로 $\overline{YP} = \overline{OP}$가 성립한다. 한편, 선분 OP와 선분 OY는 모두 단위원의 반지름이므로 $\overline{OP} = \overline{OY}$가 성립하여, $\overline{YP} = \overline{OP} = \overline{OY}$라 할 수 있다. 즉, 삼각형 POY는 정삼각형이다.

삼각형 POY가 정삼각형이므로, 각 POY는 60°이며, 각 XOP는 90° − 60° = 30°이다.

동일한 방법으로 삼각형 YOQ도 정삼각형이므로, 각 XOQ는 90° + 60° = 150°이다.

따라서 구하려는 θ의 값은 30°와 150°이다.

답 : θ는 30°와 150°

●●● **문제 1-3** ($\cos\theta$ **구하기**)

$\cos 0°$의 값을 구하시오.

〈해답 1-3〉

원점을 중심으로 하는 단위원 위의 점 P가 점 $(1, 0)$과 일치할 때, 점 P의 x좌표가 $\cos 0°$가 된다. 따라서 $\cos 0° = 1$

이다.

$$답 : \cos 0° = 1$$

● ● ● **문제 1-4 ($\cos\theta$에서 θ의 값 구하기)**

θ가 $0° \leq \theta \leq 360°$일 때, $\cos\theta = \dfrac{1}{2}$이 되는 θ를 모두 구하시오.

〈**해답 1-4**〉

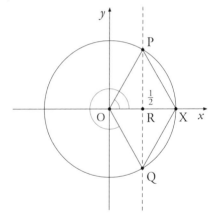

위의 그림과 같이 점 $(1, 0)$을 점 X라 하자. 그리고 원점을 중심으로 하는 단위원과 직선 $x = \dfrac{1}{2}$의 교점 2개를 각각 P, Q라 하자. 이때 각($\angle$) XOP와 각($\angle$) XOQ가 구하려는

각이다(단, ∠XOQ는 더 크다).

점 $(\frac{1}{2}, 0)$을 점 R이라 하면, 삼각형 PRX와 삼각형 PRO는 합동이다. 왜냐하면 변 PR이 공통이고, $\overline{RX} = \overline{RO} = \frac{1}{2}$이고, ∠PRX = ∠PRO = 직각이기 때문이다.

삼각형 PRX와 삼각형 PRO가 합동이므로 $\overline{XP} = \overline{OP}$가 성립한다. 한편, OP와 OX는 모두 단위원의 반지름이므로, OP = OX가 성립하기 때문에 XP = OP = OX라 할 수 있다. 즉 삼각형 POX는 정삼각형이다.

삼각형 POX가 정삼각형이므로, 각 XOP는 $60°$이다.

동일한 방법으로 삼각형 XOQ도 정삼각형이므로, 각 XOQ는 $360° - 60° = 300°$이다.

따라서 구하려는 θ의 값은 $60°$와 $300°$이다.

답: θ는 60°와 300°

●●● **문제 1-5** ($x = \cos\theta$의 그래프)

θ가 $0° \leq \theta \leq 360°$일 때, $x = \cos\theta$의 그래프를 그리시오. 그래프의 가로축을 θ축, 세로축을 x축으로 해서 그리시오.

〈해답 1-5〉

$x = \cos\theta$의 그래프는 다음과 같다.

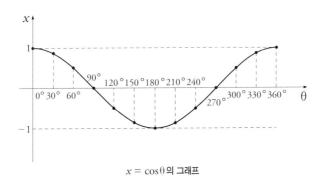

$x = \cos\theta$의 그래프

참고: 아래의 $y = \sin\theta$의 그래프와 비교해 보자.

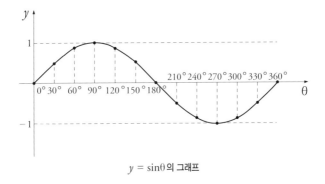

$y = \sin\theta$의 그래프

$x = \cos\theta$의 그래프와 $y = \sin\theta$의 그래프는 단위원에 대해 다음과 같은 관계이다. 단위원 위의 점의 x좌표가 $\cos\theta$, y좌표가 $\sin\theta$임에 주목하라.

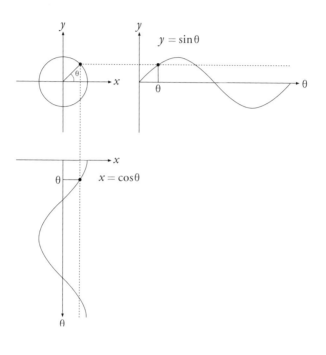

$x = \cos\theta$의 그래프와 $y = \sin\theta$의 그래프

제2장의 해답

●●● **문제 2-1** ($\cos$과 $\sin$)

$\cos\theta$와 $\sin\theta$에 대해 0과 크기를 비교해 보자.

- ● 0보다 크면(양의 값) '$+$'

- ● 0과 같으면 '0'

- ● 0보다 작으면(음의 값) '$-$'

아래 표의 빈칸에 적절한 부호나 숫자를 채우시오.

θ	$0°$	$30°$	$60°$	$90°$	$120°$	$150°$
$\cos\theta$	$+$					
$\sin\theta$	0					

θ	$180°$	$210°$	$240°$	$270°$	$300°$	$330°$
$\cos\theta$	$-$					
$\sin\theta$	0					

〈해답 2-1〉

표를 채우면 다음과 같다.

θ	$0°$	$30°$	$60°$	$90°$	$120°$	$150°$
$\cos\theta$	$+$	$+$	$+$	0	$-$	$-$
$\sin\theta$	0	$+$	$+$	$+$	$+$	$+$

θ	$180°$	$210°$	$240°$	$270°$	$300°$	$330°$
$\cos\theta$	$-$	$-$	$-$	0	$+$	$+$
$\sin\theta$	0	$-$	$-$	$-$	$-$	$-$

이것은 단위원의 원주 위를 점이 이동하는 모습을 상상하면서,

- x좌표($\cos\theta$)가 y 축을 기준으로 왼쪽 혹은 오른쪽에 있는지
- y좌표($\sin\theta$)가 x축을 기준으로 위쪽 혹은 아래쪽에 있는지 생각해 보면 쉽게 풀린다.

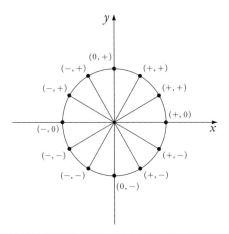

또는 $x = \cos\theta$의 그래프와 $y = \sin\theta$의 그래프가 각각 θ축
을 기준으로 위쪽 혹은 아래쪽에 위치하는지 생각해 보라.

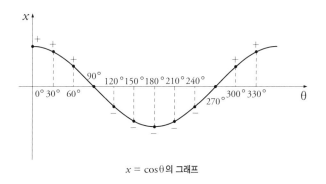

$x = \cos\theta$의 그래프

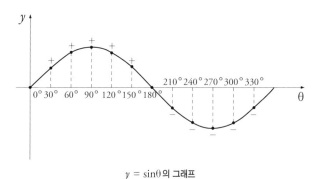

$y = \sin\theta$의 그래프

●●● **문제 2-2 (리사주 도형)**

θ가 $0° \leq θ < 360°$일 때, 이하의 점 (x, y)는 각각 어떠한
도형을 나타내는가?

    (1) 점 $(x, y) = (\cos(θ + 30°), \sin(θ + 30°))$

    (2) 점 $(x, y) = (\cos θ, \sin(θ - 30°))$

    (3) 점 $(x, y) = (\cos(θ + 30°), \sin θ)$

리사주 도형 용지(126쪽)를 사용하여 그리시오.

⟨해답 2-2⟩

(1)의 점은 다음과 같은 도형이 된다. 이것은 점 $(x, y) =$
$(\cos θ, \sin θ)$가 그리는 도형과 같다.

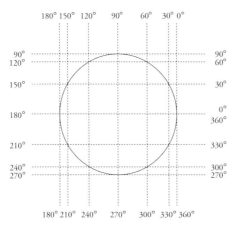

(1) 점 $(x, y) = (\cos(θ + 30°), \sin(θ + 30°))$가 그리는 도형

(2)의 점은 다음과 같은 도형이 된다.

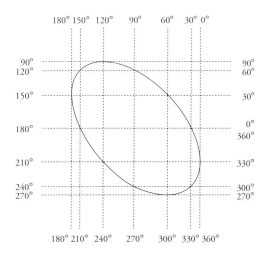

(2) 점 $(x, y) = (\cos\theta, \sin(\theta - 30°))$가 그리는 도형

(3)의 점은 다음과 같은 도형이 된다. 이것은 (2)의 점이 그리는 도형과 같다.

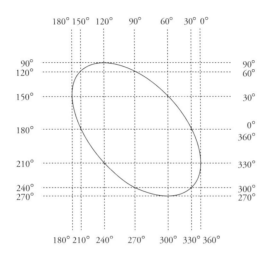

(2) 점 $(x, y) = (\cos(\theta + 30^\circ), \sin\theta)$가 그리는 도형

제3장의 해답

••• **문제 3-1 (점의 회전)**

- 회전의 중심을 원점 $(0, 0)$으로 한다.
- 회전각을 θ로 한다.
- 회전시키기 전의 점을 $(1, 0)$으로 한다.

이때, 회전시킨 후의 점 (x, y)를 구하시오.

⟨**해답 3-1**⟩

테트라가 문제1의 해답(170쪽)을 구한 것과 동일한 방식
으로 푼다.

$$답: (x, y) = (\cos\theta, \sin\theta)$$

••• **문제 3-2 (점의 회전)**

- 회전의 중심을 원점 $(0, 0)$으로 한다.
- 회전각을 θ로 한다.
- 회전시키기 전의 점을 $(0, 1)$로 한다.

이때, 회전시킨 후의 점 (x, y)를 구하시오.

〈해답 3-2〉

테트라가 문제2의 해답(175쪽)을 구한 것과 동일한 방식
으로 푼다.

$$답: (x, y) = (-\sin\theta, \cos\theta)$$

● ● ● **문제 3-3 (점의 회전)**

- 회전의 중심을 원점 $(0, 0)$으로 한다.
- 회전각을 θ로 한다.
- 회전시키기 전의 점을 $(1, 1)$로 한다.

이때, 회전시킨 후의 점 (x, y)를 구하시오.

〈해답 3-3〉

문제 3-1과 문제 3-2의 결과를 바탕으로 성분의 합을 구
할 수 있다.

$$(x, y) = (\cos\theta, \sin\theta) + (-\sin\theta, \cos\theta)$$
$$= (\cos\theta - \sin\theta, \sin\theta + \cos\theta)$$

$$답: (x, y) = (\cos\theta - \sin\theta, \sin\theta + \cos\theta)$$

●●● 문제 3-4 (점의 회전)

- 회전의 중심을 원점 $(0, 0)$으로 한다.
- 회전각을 θ로 한다.
- 회전시키기 전의 점을 (a, b)로 한다.

이때, 회전시킨 후의 점 (x, y)를 구하시오.

〈해답 3-4〉

'우리가 풀 문제의 답'(181쪽)과 같다.

$$답: (x, y) = (a\cos\theta - b\sin\theta, a\sin\theta + b\cos\theta)$$

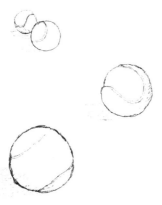

제4장의 해답

줄자를 사용해서 대략적인 원주율의 값을 측정하는 방법
을 생각해 보자. 우선 원형의 물체를 찾아 줄자로 둘레의
길이를 잰다. 그다음, 줄자로 지름을 잰다. 원의 둘레의 길
이를 ℓ, 지름을 a로 했을 때, 대략적인 원주율을 구하시오.

〈해답 4-1〉

지름 × 원주율 = 원의 둘레의 길이

이므로 원의 둘레의 길이인 ℓ과 지름인 a를 줄자를 사용
해서 쟀을 때, 원주율의 대략적인 값은

$$\frac{\ell}{a} \quad (\ell \div a)$$

로 구할 수 있다.

답 : $\dfrac{\ell}{a}$ $(\ell \div a)$

● ● ● **문제 4-2 (원주율 측정하기)**

주방 저울(부엌에서 식재료의 무게를 잴 때 쓰는 저울)을 사용하여 대략적인 원주율의 값을 구하는 방법을 생각해 보자. 우선 두꺼운 종이에 반지름이 a인 원을 그리고, 그것을 잘라 무게를 잰다. 다음에는 한 변의 길이가 a인 정사각형을 그리고, 그것을 잘라 무게를 잰다. 원의 무게가 x 그램, 정사각형의 무게가 y그램일 때, 대략적인 원주율의 값을 구하시오.

〈해답 4-2〉

도형의 무게가 그 넓이에 비례하는 것을 이용한다.

$$\frac{\text{원의 넓이}}{\text{정사각형의 넓이}} = \frac{\pi a^2}{a^2} = \pi$$

이므로, 원주율의 대략적인 값은 원의 무게를 정사각형의 무게로 나눈 공식인

$$\frac{x}{y} \quad (x \div y)$$

로 구할 수 있다.

$$\text{답} : \frac{x}{y} \quad (x \div y)$$

제5장의 해답

●●● 문제 5-1 (덧셈정리)

$\alpha = 30°$, $\beta = 60°$일 때, 덧셈정리

$$\sin(\alpha + \beta) = \sin\alpha\,\cos\beta + \cos\alpha\,\sin\beta$$

가 성립함을 계산으로 확인하시오.

⟨해답 5-1⟩

sin과 cos의 구체적인 값은 아래와 같다.

$$\sin(30° + 60°) = \sin 90°$$

$$= 1$$

$$\sin 30° = \frac{1}{2} \qquad 70쪽\ 참조$$

$$\sin 60° = \frac{\sqrt{3}}{2} \qquad 70쪽\ 참조$$

$$\cos 30° = \frac{\sqrt{3}}{2} \qquad 70쪽\ 참조$$

$$\sin 60° = \frac{1}{2} \qquad 70쪽\ 참조$$

따라서 덧셈정리의 좌변과 우변은 각각 다음과 같이 계산할 수 있다.

좌변 $= \sin(\alpha + \beta)$

    $= \sin(30° + 60°)$ $\alpha = 30°$, $\beta = 60°$ 이므로

    $= \sin 90°$ 계산했다.

    $= 1$

우변 $= \sin\alpha \cos\beta + \cos\alpha \sin\beta$

    $= \sin 30° \cos 60° + \cos 30° \sin 60°$ $\alpha = 30°$, $\beta = 60°$ 이므로

    $= \dfrac{1}{2} \cdot \dfrac{1}{2} + \dfrac{\sqrt{3}}{2} \cdot \dfrac{\sqrt{3}}{2}$

    $= \dfrac{1}{4} + \dfrac{3}{4}$

    $= 1$

좌변과 우변 모두 1과 같으므로,

$$\sin(\alpha + \beta) = \sin\alpha \cos\beta + \cos\alpha \sin\beta$$

가 성립함을 알 수 있다.

●●● **문제 5-2 (덧셈정리)**

$\sin 75°$를 구하시오.

〈해답 5-2〉

$75° = 45° + 30°$임을 이용하여, 덧셈정리를 사용한다. 이때, 다음의 값을 사용한다.

$$\sin 45° = \frac{\sqrt{2}}{2} \qquad \text{70쪽 참조}$$

$$\sin 30° = \frac{1}{2} \qquad \text{70쪽 참조}$$

$$\cos 45° = \frac{\sqrt{2}}{2} \qquad \text{70쪽 참조}$$

$$\cos 30° = \frac{\sqrt{3}}{2} \qquad \text{70쪽 참조}$$

$$\begin{aligned}
\sin 75° &= \sin(45° + 30°) \\
&= \sin 45° \cos 30° + \cos 45° \sin 30° \\
&= \frac{\sqrt{2}}{2} \cdot \frac{\sqrt{3}}{2} + \frac{\sqrt{2}}{2} \cdot \frac{1}{2} \\
&= \frac{\sqrt{2}\sqrt{3}}{4} + \frac{\sqrt{2}}{4} \\
&= \frac{\sqrt{6} + \sqrt{2}}{4}
\end{aligned}$$

$$\text{답} : \sin 75° = \frac{\sqrt{6} + \sqrt{2}}{4}$$

sin4θ를 sinθ와 cosθ를 사용해서 나타내시오.

〈해답 5-3〉

삼각함수의 덧셈정리(281쪽)를 사용한다. 처음에는 sin2θ 와 cos 2θ를 cosθ와 sinθ로 나타내고, 그 결과를 사용하여 sin4θ를 나타낸다.

$\sin 2\theta = \sin\theta\,\cos\theta + \cos\theta\,\sin\theta$	덧셈정리를 이용하여
	$\alpha = \theta,\ \beta = \theta$로 나타냈다.
$= \sin\theta\,\cos\theta + \sin\theta\,\cos\theta$	곱하는 순서를 바꿨다.
$= 2\sin\theta\,\cos\theta$	
$\cos 2\theta = \cos\theta\,\cos\theta - \sin\theta\,\sin\theta$	덧셈정리를 이용하여
	$\alpha = \theta,\ \beta = \theta$로 나타냈다.
$= \cos^2\theta - \sin^2\theta$	

위의 계산을 통해 다음의 두배각 공식을 얻었다.

$$\begin{cases} \sin 2\theta = 2\sin\theta\,\cos\theta \\ \cos 2\theta = \cos^2\theta - \sin^2\theta \end{cases}$$

다음으로 sin4θ를 구한다.

$$\sin4\theta = 2\sin2\theta\ \cos2\theta \qquad \text{4}\theta = 2(2\theta)\text{로 보고}$$

두배각 공식을 사용했다.

$$= 2(2\sin\theta\ \cos\theta)(\cos^2\theta - \sin^2\theta) \quad \text{한 번 더 두배각 공식을}$$

사용했다.

$$= 4\sin\theta\ \cos\theta(\cos^2\theta - \sin^2\theta) \qquad \text{첫 번째 괄호를 풀었다.}$$

$$\text{답}: \sin4\theta = 4\sin\theta\ \cos\theta(\cos^2\theta - \sin^2\theta)$$

완전히 전개하여 $\sin4\theta = 4\sin\theta\ \cos^3\theta - 4\cos\theta\ \sin^3\theta$로 나타내도 된다.

보충설명: 더 나아가 $\cos^2\theta + \sin^2\theta = 1$이라는 식을 사용하여 계산하면 cos의 두배각 공식은 아래와 같이 여러 가지 방법으로 나타낼 수 있다.

cos의 두배각 공식

$$\cos2\theta = \begin{cases} \cos^2\theta - \sin^2\theta \\ 1 - 2\sin^2\theta \\ 2\cos^2\theta - 1 \end{cases}$$

이것을 사용하면 sin4θ는 아래와 같이 여러 가지 방법으로
나타낼 수 있다. 물론 모두 정답이다.

$$\cos 4\theta = \begin{cases} 4\sin\theta\ \cos\theta(\cos^2\theta - \sin^2\theta) = 4\sin\theta\ \cos^3\theta - 4\cos\theta\ \sin^3\theta \\ 4\sin\theta\ \cos\theta(1 - 2\sin^2\theta) \quad = 4\sin\theta\ \cos\theta - 8\cos\theta\ \sin^3\theta \\ 4\sin\theta\ \cos\theta(2\cos^2\theta - 1) \quad = 8\sin\theta\ \cos^3\theta - 4\cos\theta\ \sin\theta \end{cases}$$

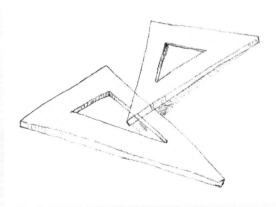

이 책에 실린 수학 토크보다 한 걸음 더 나아가 '좀 더 생각해 보길 원하는' 당신을 위해 다른 종류의 문제를 싣는다. 그에 대한 해답은 이 책에는 실려 있지 않고, 각 문제의 정답이 하나뿐이라는 제한도 없다.

당신 혼자 힘으로, 또는 이런 문제를 함께 토론할 수 있는 사람들과 함께 곰곰이 생각해 보기를 바란다.

제1장 둥근 삼각형

● ● ● **연구문제 1 – X1** ($\cos^2\theta + \sin^2\theta$ **구하기**)

수학에서는 $(\cos\theta)^2$을 $\cos^2\theta$로 $(\sin\theta)^2$을 $\sin^2\theta$로 나타낸다. 다음의 값을 각각 구하시오.

(a) $\cos^2 0° + \sin^2 0°$

(b) $\cos^2 30° + \sin^2 30°$

(c) $\cos^2 45° + \sin^2 45°$

(d) $\cos^2 60° + \sin^2 60°$

(e) $\cos^2 90° + \sin^2 90°$

또한 $\cos\theta$와 $\sin\theta$의 정의에서

$\cos^2\theta + \sin^2\theta = 1$

이라는 공식이 성립함을 증명하시오.

● ● ● **연구문제 1 – X2 (음의 값을 가진 각)**

θ의 값이 음수일 때, 즉 $\theta < 0°$일 때의 $\sin\theta$와 $\cos\theta$에 대해 생각해 보자. 예를 들어 $\sin(-30°)$와 $\cos(-90°)$의 값은 얼마일까?

●●● 연구문제 1 – X3 (큰 각)

θ가 $360°$보다 클 때, 즉 $\theta > 360°$인 경우 $\sin\theta$와 $\cos\theta$에 대해 생각해 보자. 예를 들어 $\sin 390°$와 $\cos 450°$의 값은 얼마일까?

●●● 연구문제 1 – X4 (음의 값을 가진 각)

θ가 $0° \leq \theta \leq 360°$일 때,

$$\cos\theta = \sin\theta$$

가 성립하는 θ의 값을 모두 구하시오. 또한 θ의 범위에 제한이 없을 때의 값도 구하시오.

제2장 왔다 갔다, 길을 헤매다

●●● **연구문제 2 – X1** (cos과 sin)

α와 β가 $0°$, $30°$, $60°$,⋯ $330°$, $360°$일 때,

$$\cos\alpha = \sin\beta$$

가 성립하는 순서쌍 (α, β)를 모두 구하시오. 리사주 도형 용지(126쪽)를 사용하여 생각해 보시오.

●●● **연구문제 2 – X2 (리사주 도형의 반전)**

'점 $(x, y) = (\cos\theta, \sin(2\theta + \alpha))$로 그릴 수 있는 도형'(122쪽)과 '점 $(x, y) = (\cos2\theta, \sin(3\theta + \alpha))$로 그릴 수 있는 도형'(123쪽)을 보고 위아래를 반전시켜 겹치는 도형들을 찾아보자. 겹치는 도형 간의 α값끼리는 어떤 관계인가? 좌우를 반전했을 때 겹치는 도형 간의 경우는 어떠한가?

●●● **연구문제 2 – X3 (리사주 도형과 반사 횟수)**

'점 $(x, y) = (\cos\theta, \sin(2\theta + \alpha))$로 그릴 수 있는 도형'(122쪽)과 '점 $(x, y) = (\cos2\theta, \sin(3\theta + \alpha))$로 그릴 수 있는 도

형'(123쪽)을 보고 리사주 도형이 위아래, 좌우로 각각 몇 번 반사하는가를 조사해 보자. 반사 횟수에 규칙성이 존재하는가?

제3장 세계를 돌리다

● ● ● **연구문제 3 – X1 (구체적인 각도)**

제3장의 본문에서는 회전각을 θ로 고정한 채 이야기를 진행했다. θ = 0°, 30°, 40°, 60°, 90°의 구체적인 값일 때, 회전시킨 후의 점의 위치를 구하시오.

● ● ● **연구문제 3 – X2 (점의 이동)**

제3장의 본문에서는 '점 (a, b)를 회전시키면 어떻게 되는가?'에 대해 생각을 나누었다. 회전 이외에 어떤 이동 방법이 있는지 생각해 보시오. 그것을 수식으로 나타낼 수 있는지 연구해 보라.

●●● **연구문제 3 – X3 (원 그리기)**

r을 0보다 큰 실수라 하자. 원점 (0, 0)을 회전의 중심으로 하고, 회전각이 θ일 때, x축의 위의 점 (r, 0)은 어디로 이동하는가? 또한 원점을 중심으로 반지름이 r인 원의 방정식

$$x^2 + y^2 = r^2$$

을 유도하시오.

●●● **연구문제 3 – X4 (질문)**

테트라에게 던진 '나'의 '질문' 중에서

● '구하려는 것은 무엇인가?'

● '주어진 것은 무엇인가?'

이 2가지는 매우 당연한 질문으로 보인다. 왜 당연한 질문이 도움이 되는 것일까? 생각해 보시오.

제4장 원주율을 세어보자

●●● 연구문제 4 – X1 (원주율 세기)

제4장(210쪽)에서 '나'와 유리는 반지름 50인 원을 사용
하여

$$3.0544 < \pi < 3.1952$$

를 구했다. 당신도 반지름 50인 원으로 원주율의 근사치
를 구하시오. 원의 반지름을 얼마나 크게 하면 원주율이
3.14…임을 보일 수 있을까?

●●● 연구문제 4 – X2 (원에 가까운 도형)

원에 가까운 도형의 면적을 계산해서, 대략적인 원주율을
구하시오. 예를 들어 다음과 같이 정사각형을 3×3등분하
여 8각형을 만들어 사용한다면 대략적인 원주율의 값은
어떻게 되는가?

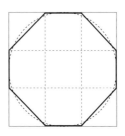

※ 비슷한 문제가 이집트의 린드 파피루스에도 쓰여 있
다고 한다.

제5장 똑바로 뻗은 굽은 길

●●● **연구문제 5 – X1 (역회전)**

제5장에서는 sinα, cosα, sinβ, cosβ, 이렇게 4개의 수를 사
용하여 sin(α + β)를 나타내었다. 그렇다면 동일한 4개의
수를 사용하여 sin(α − β)를 나타내시오.

●●● **연구문제 5 – X2 (또 다른 덧셈정리)**

제5장에서는 원을 사용하여 sin에 관한 덧셈정리를 구
했다.

$$\sin(\alpha + \beta) = \sin\alpha \, \cos\beta + \cos\alpha \, \sin\beta$$

본문과 동일한 방식으로 cos에 관한 다음 덧셈정리를 구
하시오.

$$\cos(\alpha + \beta) = \cos\alpha \, \cos\beta - \sin\alpha \, \sin\beta$$

●●● **연구문제 5 - X3 (두배각 공식의 일반화)**

문제5 - 3의 해답(338쪽)에서는 $\sin 2\theta$ 와 $\sin 4\theta$ 를 $\sin\theta$ 와
$\cos\theta$ 를 사용하여 나타냈다. 동일한 방식으로 $\sin 3\theta$ 와 $\sin$
5θ 를 $\sin\theta$ 와 $\cos\theta$ 로 나타내시오.

.

●●● **연구문제 5 - X4 (두배각 공식과 리사주 도형)**

제2장에 나온 리사주 도형 중에는 다음과 같이 포물선으
로 보이는 것도 있다.

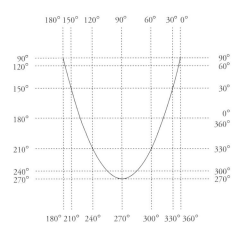

점 $(x, y) = (\cos\theta, \sin(\theta 2 + 90°))$가 그리는 도형

다음 두 식을 이용하여 이 도형이 정말 포물선인지 생각
해 보시오.

$$\sin(\alpha + 90°) = \cos\alpha \qquad \text{sin과 cos의 관계}$$
$$\cos2\beta = 2\cos^2\beta - 1 \qquad \text{두배각 공식}$$

안녕하세요, 유키 히로시입니다.

'수학 소녀의 비밀노트 – 둥근맛 삼각함수'를 읽어주셔서 감사합니다. '삼각'함수인데 왜 '둥근'인지, 잘 생각해 보셨나요?

이 책은 케이크스(cakes)라는 웹사이트에 올린 인터넷 연재물 '수학 소녀의 비밀노트' 제21회부터 제30회까지의 분량을 재편집한 것입니다. 이 책을 읽고 '수학 소녀의 비밀노트' 시리즈에 흥미를 가지게 된 분은 부디 인터넷 연재물도 읽어 보세요.

'수학 소녀의 비밀노트' 시리즈는 쉬운 수학을 주제로 중학생인 유리, 고등학생인 테트라와 미르카, 그리고 '나', 이 네 사람이 즐거운 수학 토크를 펼치는 이야기입니다.

같은 등장인물이 활약하는 '수학 소녀'라는 다른 시리즈도 있습니다. 이 시리즈는 더욱 폭넓은 수학에 도전하는 수학 청춘 스토리입니다. 꼭 이 시리즈에도 관심을 가져 주세요.

'수학 소녀의 비밀노트'와 '수학 소녀', 이 두 시리즈 모두 응원해 주시기를 바랍니다.

집필 도중에 원고를 읽고 귀중한 조언을 주신 아래의 분들과 그 외 익명의 분들께 감사드립니다. 당연히 이 책의 내용 중에 오류가 있다면 모두 저의 실수이며, 아래 분들께는 책임이 없습니다.

아카사와 료, 이가라시 다츠야, 이시우 데츠야, 이시모토 류타, 이나바 가즈히로, 우에하라 류헤이, 우치다 요이치, 오니시 켄토, 가와카미 미도리, 기무라 이와오, 쿠도 아츠시, 게즈카 가즈히로, 우에타키 가요, 사카구치 아키코, 니시하라 하이쿠, 하나다 다카아키, 하야시 아야, 하라 이즈미, 히라이 카스미, 후지타 히로시, 본텐 유토리, 마에하라 마사히데, 마스다 나미, 마츠우라 아츠시, 미야케 기요시, 무라이 겐, 무라타 겐타, 야마구치 다케시.

'수학 소녀의 비밀노트'와 '수학 소녀' 시리즈를 계속 편집해 주고 있는 SB 크리에이티브의 노자와 요시오 편집장님께도 감사드립니다.

케이크스의 가토 사다아키 씨께 감사드립니다.

집필을 응원해 주시는 여러분들께도 감사드립니다.

세상에서 누구보다 사랑하는 아내와 두 아들에게도 감사 인사를 전합니다.

이 책을 끝까지 읽어주셔서 감사합니다.

그럼 다음 '수학 소녀의 비밀노트' 시리즈에서 뵙겠습니다!

유키 히로시

www.hyuki.com/girl